陈根 著

THE CLASSIC CASE
OF INNOVATION
INDUSTRIAL DESIGN

工业设计创新案例精选

从需求调研到设计流程

·全彩升级版·

化学工业出版社

·北京·

作者以设计实践为主线，精心选择了较具代表性的家用电器、机械设备、电力设备、电器附件、医疗器械等领域的五个产品创新设计案例，从工业设计的定义、范畴、产品的策略、设计的程序等几大方面深入地阐述了产品创新的实践内涵，全面翔实地介绍了整套产品的设计流程，加之图、文、表并茂，使讲解更为生动，实用性很强。

本书适合高校工业设计专业师生，设计公司、企业设计部门的设计师学习和参考。

图书在版编目（CIP）数据

工业设计创新案例精选：从需求调研到设计流程：全彩升级版 / 陈根著 . —北京：化学工业出版社，2019.3
ISBN 978-7-122-33739-9

Ⅰ.①工… Ⅱ.①陈… Ⅲ.①工业设计 - 案例 Ⅳ.① TB47

中国版本图书馆 CIP 数据核字（2019）第 010093 号

责任编辑：王 烨　　　　　　　　　　　装帧设计：刘丽华
责任校对：宋 玮

出版发行：化学工业出版社（北京市东城区青年湖南街13号　邮政编码100011）
印　　装：北京东方宝隆印刷有限公司
710mm×1000mm　1/16　印张15¾　字数309千字　2019年6月北京第2版第1次印刷

购书咨询：010-64518888　　　售后服务：010-64518899
网　　址：http://www.cip.com.cn
凡购买本书，如有缺损质量问题，本社销售中心负责调换。

定　　价：89.00元　　　　　　　　　　　　　　　　版权所有　违者必究

前言

众所周知，工业设计是工业革命的产物，是在工业生产规模化和商品自由贸易过程中出现了供大于求的情况下所诞生的一门新技术。工业设计旨在解决技术、环境、人机、艺术、美学等之间的关系，是产品附加价值的有效创造方式。产品附加值则是指在产品的原有价值基础上，通过设计、服务、生产等过程中的有效劳动而新创造的价值，即附加在产品原有价值（成本价值）上的新价值。工业产品设计的优劣，直接关系到企业的成败和命运，产品设计得好，附加值就高；设计得差，附加值就低，凡是具有国际竞争力的世界级品牌，无一例外都是设计精品。

面对金融危机下的中国制造，廉价劳动力成本的资源优势特征不再明显。消费者的消费需求也呈现多样化、个性化，产品的不断推陈出新加剧了企业竞争压力。对于制造业而言，如何通过现代技术与设计手段，赋予产品更高的附加值，就成为设计师思考的方向，探索一套适合中国国情与特定文化的工业设计方法显得尤为重要。

以制造技术为基础，加以美学为导向的工业设计模式才是当前中国制造业的需求。因此设计职能也由发展初期的外观造型设计转化为科学、严谨的系统化设计。透视、了解系统化的国际设计流程，并与其接轨成为各高校、设计机构、企业设计部门、设计师所关注的方向。本书作者总结多年国际设计项目的运作经验，并加以提炼，以国际化的设计项目为导向，形象地带领读者透视国际设计公司的项目设计过程，所涉及项目涵盖白色家电、机械设备、医疗器械、电器设备等领域。本书的最大特色是剔除了一切烦琐的理论，图文并茂地展示五个经典设计案例的全过程。相信本书能够帮助中国的设计公司得到国际化提升，了解国际化的设计运作，从而改善资源匮乏的设计公司的项目流程与策略。本书对中国工业设计教育也有一定的实践指导意义，也能为企业的系统化、正规化设计提供参考性依据。

本书第一版出版后，受到了广大设计工作者的欢迎和肯定，为本书提出了很多建设性的意见和建议。比如，有读者说："特别喜欢实例类的书籍，案例侧重于设计流程和方法，对我工作很有帮助，但设计调研方面的内容涉及较少，可以加强"。针对这类建议，我们在修订升级过程中，对几个案例都增加和强化了设计用户调研的方法和内容。

还有读者反映："这本书很贴近设计实战，整个设计过程总结得非常详细。但整本书看下来，没有交代一个明确的方法或理论，缺乏一个统一的框架和思路，因此五个案例单个看都不错，但五个看下来反而有点摸不着头脑，估计有丰富设计经验的人可能更适合这本书"。其实，就这一问题，我们在最初的策划时是有所考虑的，每个案例的设计流程和方法都是可以独立存在和独立运用的，但限于篇幅，我们对每个案例都不能面面俱到写得过于烦琐，所以，本书五大案例都选取自不同的行业，每个案例的设计流程都各有侧重，读者可以把从各案例中学到的方法融合在一起使用，达到融会贯通、举一反三的效果。

对于广大读者的建议和肯定，我们不一一列举了，借此修订升级的机会，特向广大热心的读者表示衷心的感谢！

本书由陈根著。陈道双、陈道利、陈小琴、卢德建、陆盈盈、李子慧、朱芋锭、周美丽、郑琴双、高琴、张叶等为本书的编写提供了很多帮助，在此表示深深的谢意。

由于自身知识与实践有所欠缺，书中难免疏漏，敬请广大学者、专家、读者斧正。

陈根

2019 年 3 月

目录

设计公司设计流程

企业设计流程

设计流程概括图

设计流程（设计启动、设计探索、设计创意、设

在本书每个案例讲解开始前，都会将案例中产品的设计过程在该设计流程图中

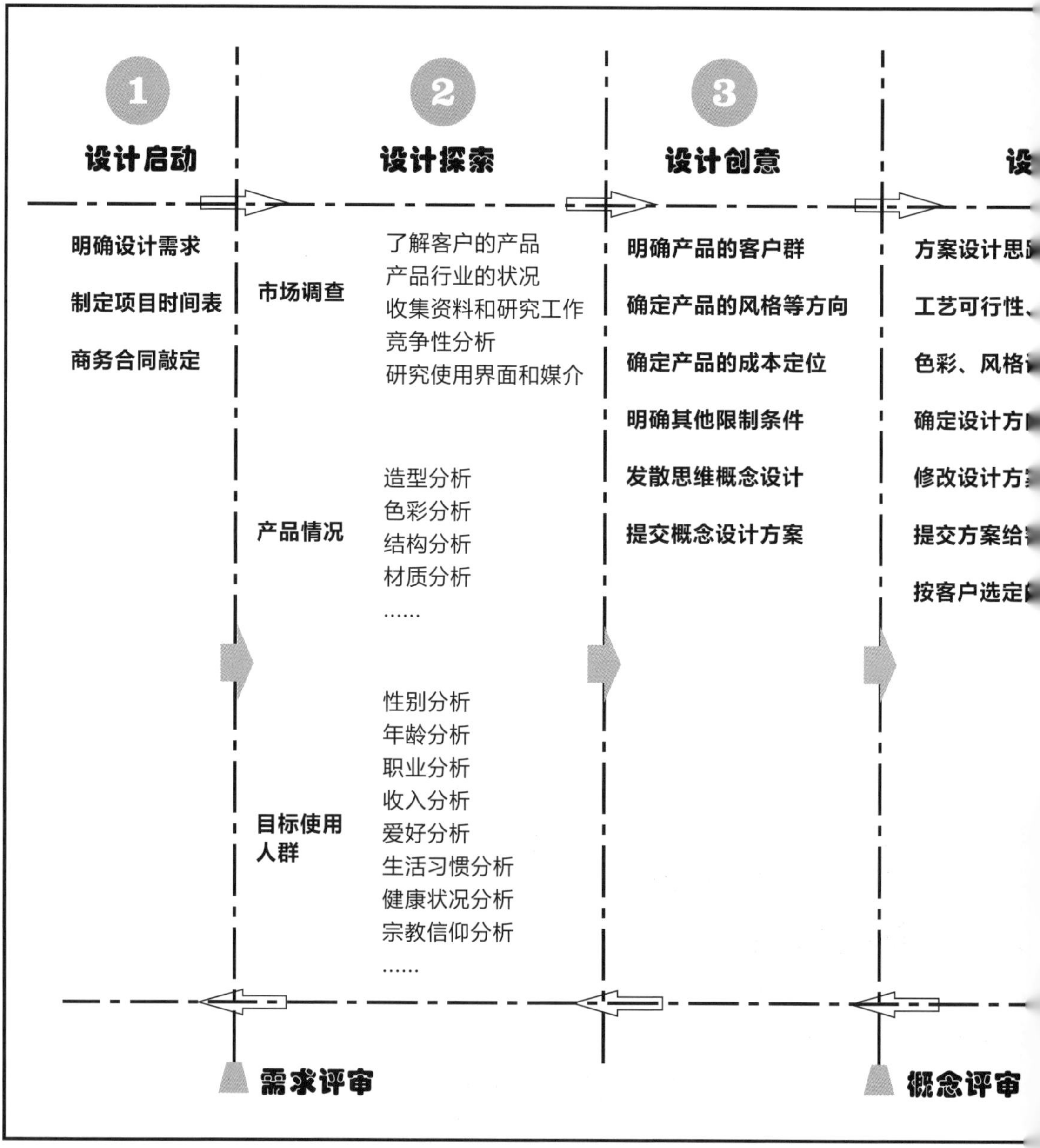

① 设计启动	② 设计探索	③ 设计创意	设
明确设计需求	**市场调查** 了解客户的产品 产品行业的状况 收集资料和研究工作 竞争性分析 研究使用界面和媒介	明确产品的客户群	方案设计思
制定项目时间表		确定产品的风格等方向	工艺可行性
商务合同敲定		确定产品的成本定位	色彩、风格
		明确其他限制条件	确定设计方
	产品情况 造型分析 色彩分析 结构分析 材质分析 ……	发散思维概念设计	修改设计方
		提交概念设计方案	提交方案给
			按客户选定
	目标使用 人群 性别分析 年龄分析 职业分析 收入分析 爱好分析 生活习惯分析 健康状况分析 宗教信仰分析 ……		

▲ 需求评审　　　　　　　　　　　　　　　　▲ 概念评审

，给读者以最直观清晰的印象，帮助其快速理解到位。

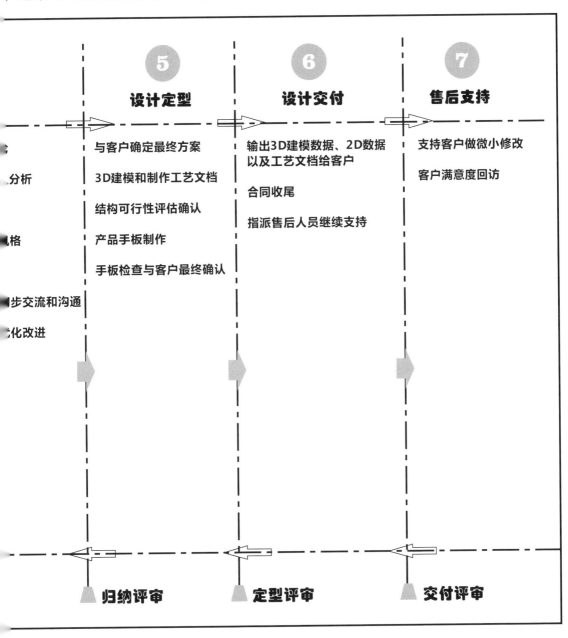

⑤ 设计定型

与客户确定最终方案

3D建模和制作工艺文档

结构可行性评估确认

产品手板制作

手板检查与客户最终确认

⑥ 设计交付

输出3D建模数据、2D数据以及工艺文档给客户

合同收尾

指派售后人员继续支持

⑦ 售后支持

支持客户做微小修改

客户满意度回访

分析

风格

步交流和沟通

化改进

归纳评审　　定型评审　　交付评审

案例(CASE)					
C1 家用电器	**C2** 机械设备	**C3** 电力设备	**C4** 电器附件	**C5** 医疗器械	
	①	①		①	设计输入是设计师... / For a designer, the und...
	①				项目的时间计划... / The project time plan ...
②	②	②	②③	②③	设计调研的深度... / The depth of a designin...
			②		问卷调查是一种... / Questionnaire survey, i...
②	②	②③	②	②③	选择一项合理的... / Selecting a reasonable...
②	②	②		②③	了解竞争对手与... / Only when acquire com...
	①				设计对象的实地... / The communication and...
②	②	②	②	②③	行业品牌区间的... / The analysis of industry...
	①	②③	①②		使用对象与销售... / The analysis for using ob...
③④	①③④	③	②③	②③	与客户确定设计... / Fixing the design featur...
②③④	②	②③④		②③	产品的属性决定... / The nature of products de...
		②		③	人机工程是设计... / Ergonomic is the key of...
	⑤		②	①	标准是设计师成... / Standard is the intro...
	⑤			①	设定评估标准是... / Setting the evaluating st...
	⑤			①	分析评估标准使... / Analysis of evaluation...
②③④	②	②	②	②③	产品局部分析越... / For a product,more loc...
③④⑤	③④⑤	③④⑤	④⑤	④⑤	设计展示是设计... / Design show is a bridg...
	④		④⑤		改良型产品设计... / An improved product d...
	④		④⑤		创新型设计是提... / Innovative design pro...

法则(RULE)	设计启动	设计探索	设计创意	设计归纳	设计定型	设计交付	售后支持
求的依据。 ct request is on the basis of design inputing.	**1**	2	3	4	5	6	7
指南针。 e designer collaboration.	**1**	2	3	4	5	6	7
的高度。 e level of location.	1	**2**	3	4	5	6	7
最直观的问题表达方式。 onal and intuitive way to express the problem.	1	**2**	3	4	5	6	7
设计分析事半功倍。 ke a design more efficiently.	1	**2**	3	4	5	6	7
知己知彼，设计创新。 them, can know competitors well and make innovation for design.	1	**2**	3	4	5	6	7
恋爱，可加深了解。 esigning object, is just like people who are fall in love, to help to know things well.	1	**2**	3	4	5	6	7
师理解产品行业属性。 o understand the product attributes.	1	**2**	3	4	5	6	7
设计师直观理解产品的使用对象。 can help designers to understand the using objects intuitively.	1	**2**	3	4	5	6	7
设计概念微观化。 bles the macroscopical design concepts microcosmic.	1	2	**3**	**4**	5	6	7
色彩是产品与用户之间的心灵沟通。 plays a important role in the communicate with users.	1	**2**	**3**	**4**	**5**	6	7
匙。 ket successfully.	1	2	**3**	**4**	**5**	6	7
品的入门资料。 for a successful commercial product designing.	**1**	**2**	**3**	**4**	**5**	6	7
理性评价设计的天平。 ances the rational judging between designers and the customers.	1	2	**3**	**4**	**5**	6	7
更明确。 of a designer more clear.	1	2	**3**	**4**	**5**	6	7
精确。 se.	1	**2**	**3**	**4**	5	6	7
的桥梁。 er and the client.	1	2	**3**	**4**	**5**	**6**	7
选择。 e for 80% of firms.	1	2	3	**4**	**5**	**6**	7
力量的推进器。 rpriseproduct development.	1	2	3	**4**	**5**	6	7

设计阶段

设计公司设计流程

A:

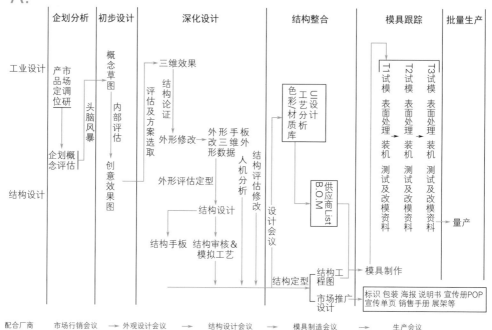

| 企划分析 | 初步设计 | 深化设计 | 结构整合 | 模具跟踪 | 批量生产 |

工业设计

产品市场定位调研 → 企划概念评估

概念草图 → 内部评估 → 创意效果图

头脑风暴

三维效果
结构论证
评估及方案选取
外形修改
外形评估定型

外形改三维形数据
手板外人机分析
结构评估修改

U设计
工艺分析
色彩材质库

T1试模 表面处理 装机 测试及改模资料
T2试模 表面处理 装机 测试及改模资料
T3试模 表面处理 装机 测试及改模资料 → 量产

结构设计

结构设计
结构手板 结构审核&模拟工艺

结构定型 → 结构工程图
供应商List B.O.M

设计会议

市场推广设计 → 模具制作

标识 包装 海报 说明书 宣传册POP 宣传单页 销售手册 展架等

配合厂商　市场行销会议 → 外观设计会议 → 结构设计会议 → 模具制造会议 → 生产会议

B:

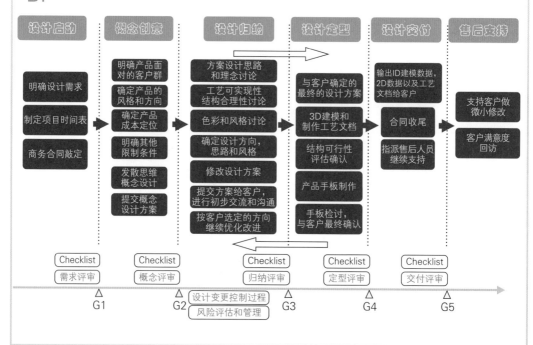

| 设计启动 | 概念创意 | 设计归纳 | 设计定型 | 设计交付 | 售后支持 |

明确设计需求
制定项目时间表
商务合同敲定

明确产品面对的客户群
确定产品的风格和方向
确定产品成本定位
明确其他限制条件
发散思维概念设计
提交概念设计方案

方案设计思路和理念讨论
工艺可实现性结构合理性讨论
色彩和风格讨论
确定设计方向，思路和风格
修改设计方案
提交方案给客户，进行初步交流和沟通
按客户选定的方向继续优化改进

与客户确定的最终的设计方案
3D建模和制作工艺文档
结构可行性评估确认
产品手板制作
手板检讨，与客户最终确认

输出ID建模数据，2D数据以及工艺文档给客户
合同收尾
指派售后人员继续支持

支持客户做微小修改
客户满意度回访

Checklist — 需求评审
Checklist — 概念评审
Checklist — 归纳评审
Checklist — 定型评审
Checklist — 交付评审

△ G1
△ G2
△ G3
△ G4
△ G5

设计变更控制过程
风险评估和管理

C:

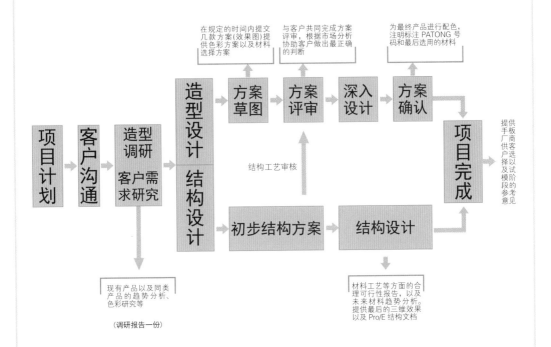

在规定的时间内提交几款方案(效果图)提供色彩方案以及材料选择方案

与客户共同完成方案评审，根据市场分析协助客户做出最正确的判断

为最终产品进行配色，注明标注 PATONG 号码和最后选用的材料

| 项目计划 | 客户沟通 | 造型调研 客户需求研究 | 造型设计 结构设计 | 方案草图 | 方案评审 | 深入设计 | 方案确认 | | 项目完成 |

结构工艺审核

初步结构方案 → 结构设计

提供手板厂商供客户选择以及试模阶段的参考意见

现有产品以及同类产品的趋势分析、色彩研究等

(调研报告一份)

材料工艺等方面的合理可行性报告，以及未来材料趋势分析。提供最后的三维效果以及 Pro/E 结构文档

设计流程的基本菜单

市场调查	外观设计	结构设计	样机制作	后期配套
1.确认设计任务书	1.结构预分析	1.整体预装配	1.制作工程设计图	1.模具加工
2.了解客户的产品	2.提出概念和创意	2.选定材料	2.外观模型	2.试模与修模
3.客户所在行业的状况	3.概念草图	3.确定生产工艺和技术	3.CNC样机加工	3.注塑成型
4.收集资料和研究工作	4.三维效果图	4.三维辅助设计	4.样机装配调试	4.印制标签及包装
5.着手竞争性分析	5.颜色、细节、标志	5.零件设计	5.完善结构设计	5.组织生产与优化工艺
6.市场定位	6.设计检讨	6.总装设计		6.批量生产
7.研究使用界面和媒介	7.确认设计方案	7.CAE分析		7.投放市场

企业设计流程

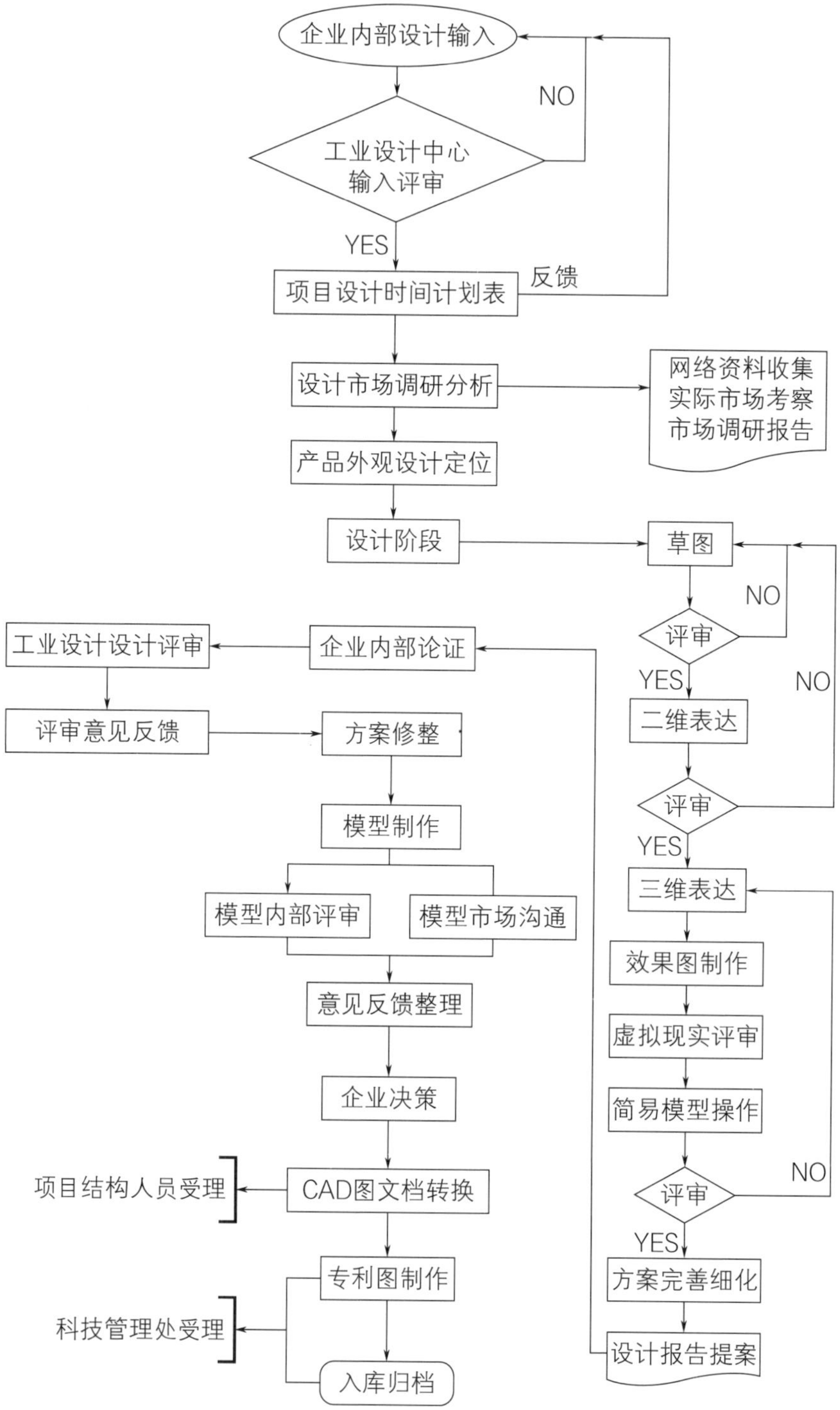

企业内部设计输入

工业设计中心输入评审 — NO

YES

项目设计时间计划表 — 反馈

设计市场调研分析 → 网络资料收集 / 实际市场考察 / 市场调研报告

产品外观设计定位

设计阶段 → 草图

草图 → 评审 — NO

YES

二维表达 — NO

评审

YES

三维表达

企业内部论证 → 工业设计设计评审

评审意见反馈 → 方案修整

模型制作

模型内部评审 / 模型市场沟通

意见反馈整理

企业决策

项目结构人员受理 ← CAD图文档转换

专利图制作

科技管理处受理 ← 入库归档

效果图制作

虚拟现实评审

简易模型操作

评审 — NO

YES

方案完善细化

设计报告提案

案例1

家用电器

NDUSTRIAL DESIGN

SELECTED SAMPLE

R3 设计调研的深度决定了设计定位的高度。
R5 选择一项合理的分析工具，能使设计分析事半功倍。
R6 了解竞争对手与同行产品才能达到知己知彼，设计创新。
R8 行业品牌区间的分析，帮助设计师理解产品行业属性。

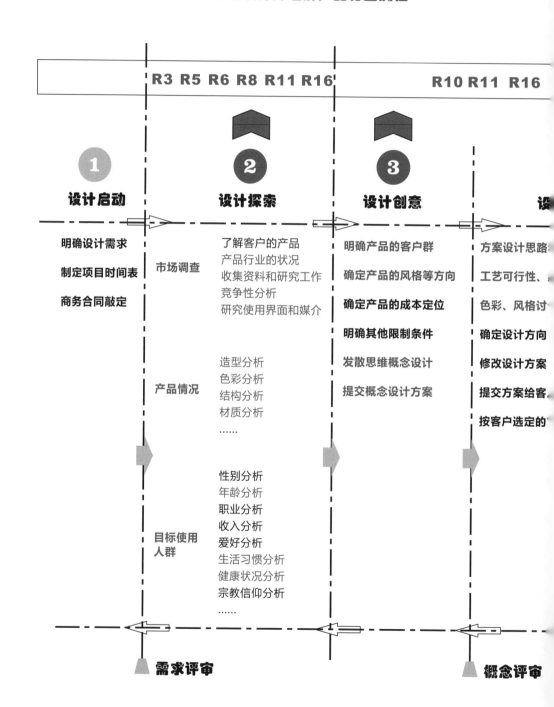

R10 与客户确定设计要点，可使宏观设计概念微观化。
R11 产品的属性决定了产品的色彩，色彩是产品与用户之间的心灵沟通。
R16 产品局部分析越到位，设计创新越精确。
R17 设计展示是设计师与客户之间沟通的桥梁。

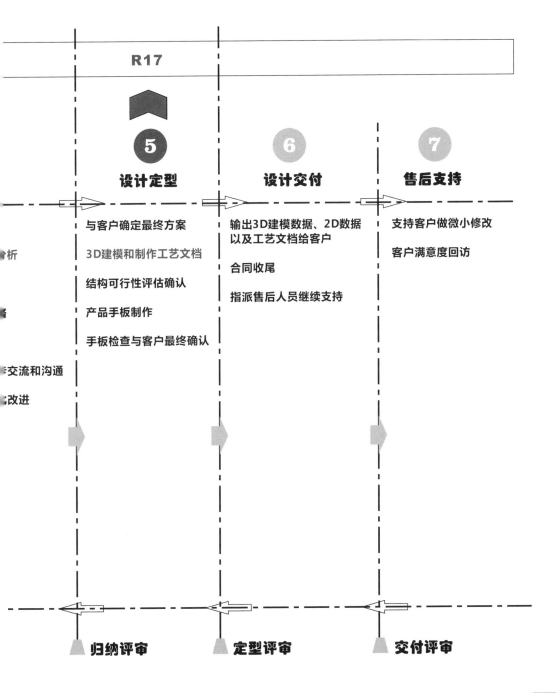

R17

5 设计定型

与客户确定最终方案

3D建模和制作工艺文档

结构可行性评估确认

产品手板制作

手板检查与客户最终确认

6 设计交付

输出3D建模数据、2D数据以及工艺文档给客户

合同收尾

指派售后人员继续支持

7 售后支持

支持客户做微小修改

客户满意度回访

析

交流和沟通

改进

归纳评审   定型评审   交付评审

【基本构造】

①门安全联锁开关——确保炉门打开，微波炉不能工作，炉门关上，微波炉才能工作；

②视屏窗——有金属屏蔽层，可透过网孔观察食物的烹饪情况；

③通风口——确保烹饪时通风良好；

④转盘支承——带动玻璃转盘转动；

⑤玻璃转盘——装好食物的容器放在转盘上，加热时转盘转动，使食物烹饪均匀；

⑥控制板——控制各挡烹饪；

⑦炉门开关——按此开关，炉门打开。

构造与原理

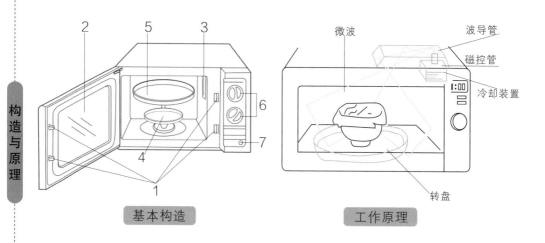

基本构造　　　　工作原理

【微波加热原理】

　　微波加热的原理简单说是：当微波辐射到食品上时，食品中总是含有一定量的水分，而水是由极性分子（分子的正负电荷中心，即使在外电场不存在时也是不重合的）组成的，这种极性分子的取向将随微波场而变动。由于食品中水的极性分子的这种运动，以及相邻分子间的相互作用，产生了类似摩擦的现象，使水温升高，因此，食品的温度也就上升了。用微波加热的食品，因其内部也同时被加热，使整个物体受热均匀，升温速度也快。

目前家用微波炉已经突破传统普通微波炉的限制，出现了变频微波炉、光波微波炉、紫外线微波炉、烧烤微波炉、转波微波炉、蒸汽微波炉等新型微波炉。

变频微波炉

以变频器替代传统微波炉内的变压器，变频器通过变频电路可以将 50Hz 的电源频率任意地转换成 20000 ～ 45000Hz 的高频率，实现了真正意义上通过改变频率来得到不同输出的均匀火力调控。

光波微波炉

光波微波组合炉是在微波炉炉腔内增设了一个光波发射源，能巧妙地利用光波和微波综合对食物进行加热。

紫外线微波炉

在微波炉中除了光波、微波之外，又增加了紫外线杀菌的功能。

优点：解决了传统微波炉的高温杀菌作用对不耐高温的物品无法消毒的缺点。

烧烤微波炉

利用石英管（二氧化硅）通电时产生的热量加热食物。

优点：安全、高效、升温降温速度快、温度高，具有很高的耐腐蚀性、防爆性，使用寿命长。

转波微波炉

利用转波器将微波旋转起来，使转动微波能量顾及到微波炉内的每个角落，无需使用转动底盘。

蒸汽微波炉

使用蒸汽烹调器皿，其上部的不锈钢专用盖子可以隔断微波和食物直接接触，锁住食物中的水分。下部的水槽中加水之后，通过微波加热产生水蒸气，利用水蒸气热度及对流来加热烹调食物。

微波炉的分类

品牌分析

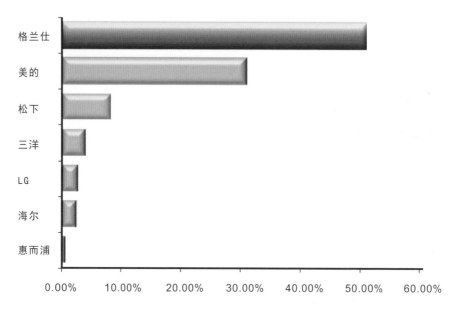

2009年4月微波炉品牌市场关注比例统计

目前，国内外家电市场上的微波炉品牌主要有：

品牌	名称	比例
Galanz	格兰仕	50.89%
美的 Midea	美的	30.79%
Panasonic ideas for life	松下	8.37%
SANYO	三洋	4.07%
LG	LG	2.80%
Haier	海尔	2.47%
Whirlpool	惠而浦	0.62%

　　在微波炉市场品牌关注比例统计中，格兰仕领先优势依旧，50.89%的市场关注令其他品牌只能"遥遥相望"。美的在本次统计中市场关注比例为30.79%，尽管份额不少，但与格兰仕相比较，依然有较大差距。松下、三洋、LG、海尔及惠而浦五大品牌在微波炉市场的表现乏善可陈，与格兰仕差距较大。

2009年4月微波炉价格区间关注比例统计

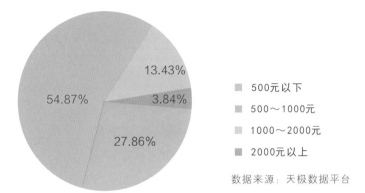

数据来源：天极数据平台

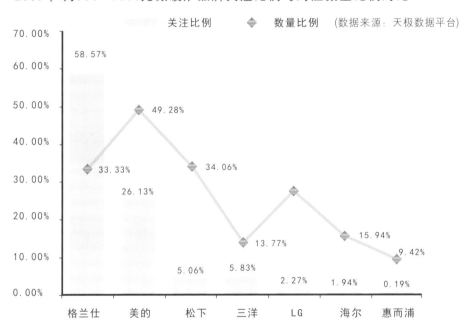

2009年4月500～1000元微波炉品牌关注比例与对应数量比例对比

针对不同价格区间市场关注比例所做统计结果显示，1000元以下微波炉仍然是消费者最为关注价位段(500元以下27.86%；500～1000元54.87%)，但在选择低价同时，对产品性能提升的要求也逐渐凸显，500～1000元高达54.87%的关注比例对此市场趋向做出最佳佐证。

投资收益比是任何企业持续运作所必须考虑的首要因素，但从此次不同品牌市场关注比例与数量比例对比统计中可以看出，微波炉市场整体效益偏低，除格兰仕外，其他品牌两比例之间均呈现负相关关系，单位产品价值较低。整个行业资源投入呈现负收益，这对微波炉市场持续发展的羁绊显而易见。

品牌分析

各品牌微波炉的实例产品以及设计理念分析

品牌分析

品牌	实例					设计理念
格兰仕						注重实效
美的						时尚 创新 关爱
松下						简洁 人性 易用
三洋						简洁 易用
LG						以人为本
海尔						创新
惠而浦						网络时代 强调服务观念
三星						惊叹 简单 亲和力
其他 品牌						简洁 实用

R3 设计调研的深度决定了设计定位的高度。**R6** 了解竞争对手与同行产品才能达到知己知彼，设计创新。
R8 行业品牌区间的分析，帮助设计师理解产品行业属性。

形态是吸引消费者注意的一个重要因素，它能够激起消费者心理上的购买欲望，同时也是微波炉内在功能、配置及品质等因素的外在表现。

对称或矩形能够显示严谨，容易使消费者产生庄严、宁静、典雅、明快的心理感受；

圆形和椭圆形能够显示包容，容易使消费者产生完满、活泼、生动的心理感受；

自由曲线能够显示动态、节奏与韵律，容易使消费者产生热烈、自然、自由、亲切的心理感受；

残缺、变异等造型手段能够显示时代、前卫的主题，使消费者心理产生冲击力和前卫艺术感。

造型分析

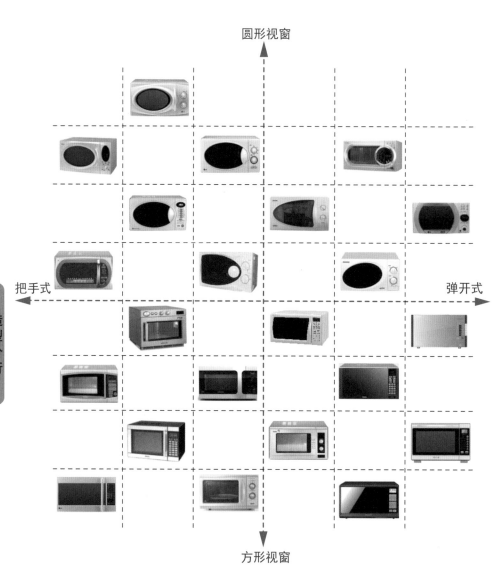

圆形视窗

把手式　　　　　　　　　　　　　　　　　　　　　弹开式

造型分析

方形视窗

　　微波炉最为显眼的部分有炉门上的视窗和把手，依据不同的设计我们将其划分为圆形（弧形）视窗和方形视窗，依据有无把手可分为把手式和弹开式。

①②③④⑤⑥⑦

R3 设计调研的深度决定了设计定位的高度。**R5** 选择一项合理的分析工具，能使设计分析事半功倍。**R16** 产品局部分析越到位，设计创新越精研

传统中庸

造型分析

情趣化　　　　　　　　　　　　　　　概念化

由于技术及加工工艺限制，以及成本的制约，目前国内外的微波炉生产厂家生产的都是箱体式的微波炉，其他形态的设计只见诸于设计比赛当中,市场化有待于探索。

时尚简洁

现在市面上的微波炉操作面板大体可分为触摸式（智能式）、点击式和旋钮式（机械式）。

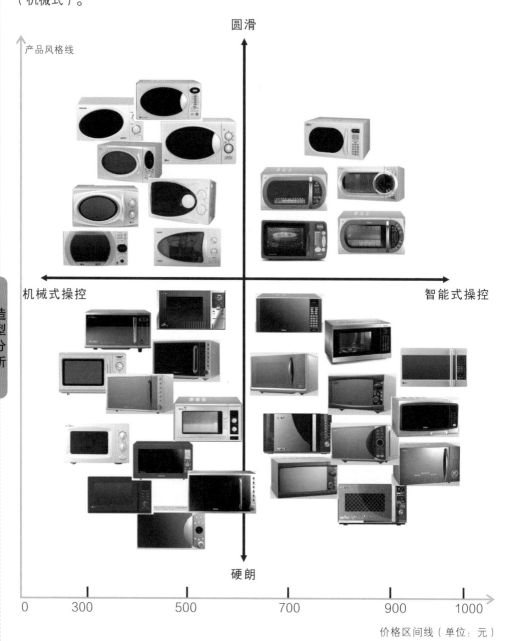

圆滑

产品风格线

机械式操控

智能式操控

造型分析

硬朗

0　300　500　700　900　1000

价格区间线（单位：元）

机械式操控与智能式操控的主要区别在于产品定位与价格区间，智能化给人带来科技感，可满足高端消费群体的需求。

R3 设计调研的深度决定了设计定位的高度。**R5** 选择一项合理的分析工具，能使设计分析事半功倍。**R16** 产品局部分析越到位，设计创新越精确

造型分析

平移式

抽出式

侧拉式

下拉式

目前，微波炉炉门的开启方式主要有侧拉式、平移式、下拉式及抽出式，等等。其中，仍然以侧拉式为主，新的开启方式在一定程度上是对传统方式的改革与创新，在人机和使用者心理上存在着一定的不足，适合于特定消费，因此并不是主流消费习惯。

微波炉色彩设计中的心理因素

色彩分析

消费者在选购微波炉时，视觉的第一印象往往是对色彩的感知，合理的微波炉外观配色不仅具有审美性和装饰性，而且还具有重要的象征意义。色彩能够影响视觉感受和情绪状态，能够寄托消费者的理想，使之产生情感共鸣，具有重要的心理功能。

色彩的心理功能是由色彩刺激引发消费者的记忆、联想、想象和顿悟，从而使消费者的内心产生复杂的心理反应，对色彩信息进行解码，这些心理反应往往受消费者年龄、经历、性格、情绪、民族、修养等多种因素的制约。

彩色家电已成为重要的家居装饰元素之一

家电产品已不是单纯的实用工具，人们对家电外观设计的要求越来越重视，而通过艺术加工为家电产品赋予生命、灵魂和感情，才能够满足消费者追求品质、追求个性的消费需求。家居设计崇尚艺术与时尚结合，彩色家电已成为重要的家居装饰元素之一。

①②③④⑤⑥⑦

R3 设计调研的深度决定了设计定位的高度。**R11** 产品的属性决定了产品的色彩，色彩是产品与用户之间的心灵沟通。
R16 产品局部分析越到位，设计创新越精确。

色彩的心理感受还受时代、文化、地域、习俗等因素影响。

　　设计者在考虑微波炉色彩设计时，应依据不同社会背景的消费人群的心理特征，合理地选用及搭配色彩的色相、明度和纯度，使色彩能够充分体现微波炉的设计特色，获得消费者的情感认知。

　　格兰仕针对中国市场推出的"中国红"系列微波炉，采用了具有中国传统意味的喜庆色彩，给消费者带来了特殊的心理感受和体验，一度成为畅销产品。

色彩分析

冷色调

有彩色　　　　　　　　　　　　　　　　　无彩色

色彩分析

暖色调

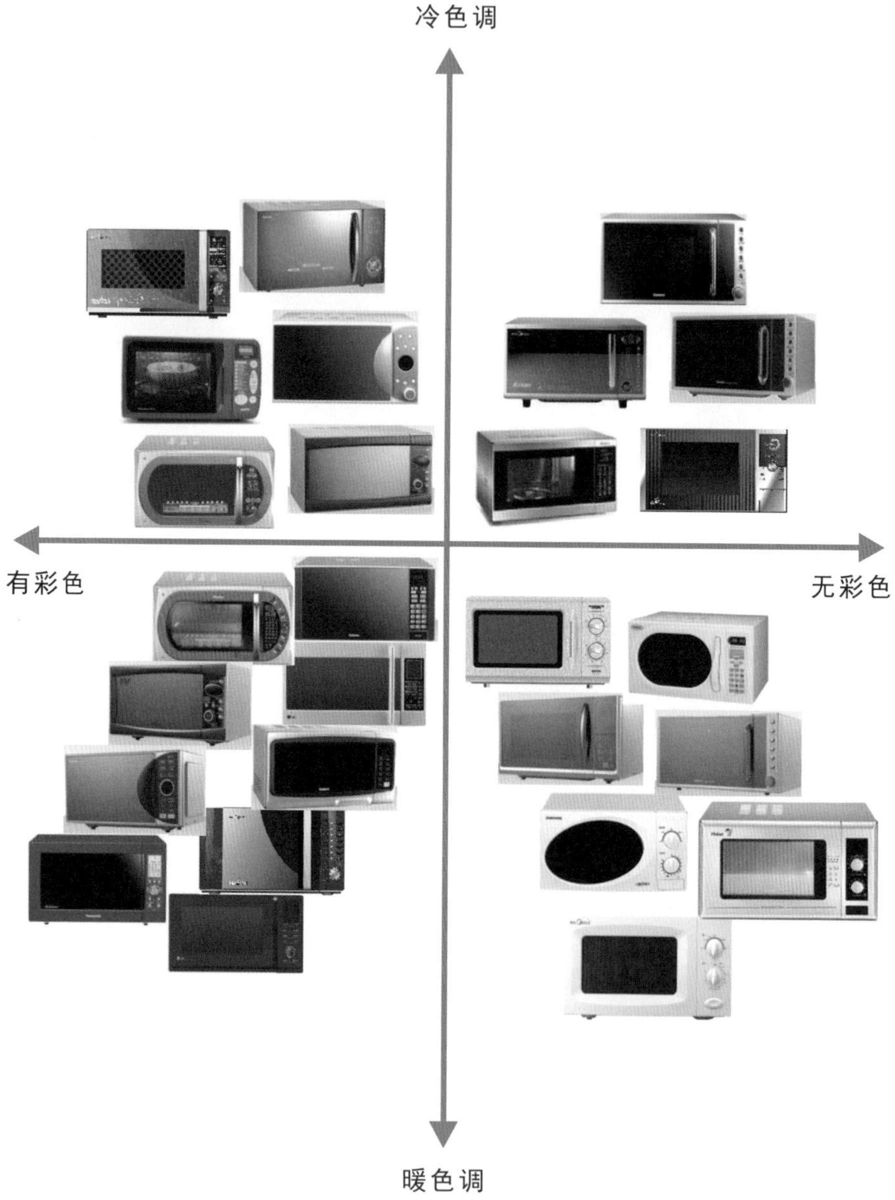

　　微波炉的色彩分为有彩色和无彩色，色调也有暖色调和冷色调，根据市场需求分析，暖色调的微波炉比冷色调的微波炉需求要大，能给人以温暖的感觉，而有彩色和无彩色微波炉的比重差不多，依据消费者的喜好及家庭装修的配合等选择。

①②③④⑤⑥⑦

R3 设计调研的深度决定了设计定位的高度。**R11** 产品的属性决定了产品的色彩，色彩是产品与用户之间的心灵沟通。**R16** 产品局部分析越到位，设计创新越精确。

金属（不锈钢）
坚固、易于清洗、实用性较强。

木材
会使消费者产生温暖、朴素、怀旧、自然等心理感受。

塑料
会使消费者产生轻便、廉价、时尚等心理感受。

陶瓷
硬度高、电绝缘性能好、不导磁、不导电、耐高温、无毒。

新材料
　新兴的 IMD 、IML 、铝合金、镁合金、不锈钢等材料与传统材料相结合，经过不同的加工工艺，如电镀、丝印、镭雕、电铸、饰文等处理，给消费者以丰富多彩的新鲜感受。

色彩分析

　　如果说微波炉的形态设计刺激了消费者的视觉，那么微波炉的材质设计则是从视觉与触觉的双重角度给消费者更丰富的感知体验。在微波炉的人性化设计中合理地选用良好的材质不仅可以用最简约的方式产生艺术感，还可以使微波炉具有不同的身份、品味的象征意义。

KJ法问题分析（1）problem analysis

使用更加便捷

使用安全

噪声控制，吸声装置，内部机构加工工艺，吸声材料的运用

错误操作时的提示（语音警报、液晶显示提示）

加热后物品取出，避免烫伤，包括出口降温处理（出风口），手套

防辐射处理，防辐射隔离层，防辐射材料

加热时液体流出，切换到安全模式

遥控器远程控制，遥控器与炉体嵌套，遥控器同步感应

防辐射面板的设计

清洁的方便性

散热孔防尘装置，使用时开启，使用后5分钟自动闭合

清洁装置可拆卸，取出清洁，自动清洁避免在加热液态物质时的溢出问题以及清洁问题

内部清洁问题：凹陷，边角，内部清洁装置

更快捷的操作

垂直方向可升降操作，方便不同身高人群使用

内部监控器，外部LCD显示

加热时附加食物振荡搅拌功能，受热均匀

面板设计，人机工学，人机界面倾角

自动封口打包设备

同时对不同的食物进行分区加热，避免能耗过高

降温设计

使用人性化

操作面板的设置，角度，面积，功能划分，易读，易操作性

双面操作，内部分区。用于公共商业场所

人机界面的倾角化处理，便于观察，操作

将微波炉嵌入到室内墙壁内，节省空间

抽出式，CD式加热底盘，可遥控，方便取放，避免烫伤

食物放置时的定位及放置的安全性问题

显示加热过程

多角度加热，类似雷达的波束扫描，按轨道移动微波发射装置

定位多元化

考虑多种使用模式 多人操控

根据不同人群进行定位，分老人、儿童、残疾人、白领、金领工薪阶层、普通人群、特殊人群、少量人群、大量人群

根据使用场所进行定位，商用、家用、厨房、饭店、办公

根据户型进行定位，分为小户型、中户型、大户型

根据不同使用方式有迷你式、车载式、家用式、旅行包型、嵌入式

针对公共场所进行定位的时候有序提示的功能

针对儿童设计的要小巧、色彩鲜艳明快

根据特殊人群设计的具有特殊提示功能

公共场所分层加热具备多个加热区

功能多样化

附加功能多样化

音乐、广播用于公共使用等待时，避免枯燥，可置于侧面

内部电源，应急电源的设置，防止突然停电造成的危害

保温系统（加热完成后没有取出，自动进入保温状态）

测熟装置

自动打包装置

遥控智能化

智能遥控，遥控器的振动提示

消音装置、静音模式

带储备电源，以防断电，停电

智能控制，测试食物是否烧熟，避免二次操作

语音界面帮助提示，帮助初次使用者

智能化控制食物的成熟程度

外观个性化

材料选用多元化

外部材料的选择，包括全透明、半透明

多种材料组合，包括拉丝金属、钢化玻璃、皮革

随季节、温度、光等因素而变色的特殊材料

环保材料的选用

色彩方案多样化

根据不同的场所及人群设计不同的色彩和纹饰

随季节、温度、光等各种因素的变化而变幻颜色

不同色彩的小块组拼，不自动调节

外部面板和色彩的选取

造型与形态

仿生造型应用，从外观或功能上进行仿生

形态方面的突破，圆筒状，多棱柱等

利用知名建筑，如鸟巢、水立方

散热孔形态设计，综合考虑整体形态

蛋形外观，遥控装置外置

利用某些元素，如中国元素、奥运元素

箱体模块化设计

外观采取微波形的视觉效果，具有科技感

结构优化设计

门的结构设计（折叠、仿公交车门、滑动式、抽屉式）

加热区优化，弹出式的托盘

内部清洁装置

多角度加热（类似雷达波扫描，按轨道移动微波发射装置）

把手的结构设计[内凹式（一次成型）、内嵌式（关节型）、折叠化（类似机柜）]

防滑结构

振动操作，使加热更彻底

加热箱体内部有摄像头，可远程观察

风格多样化

统一风格与环境

情趣化设计（魔方、拼图）

模块化设计，内部统一外观自由拼组

全透明化设计

● KJ法　　KJ法是一种建立共识的方法，可以帮助小组组织复杂的想法和信息。KJ法在小组会议时可以有效地描述每个人头脑中的所有信息，然后在协商一致的基础上组织数据，确定重点。而在传统会议中，很难有足够的时间清楚地描述一个问题，更不要说深入理解这个问题了。因此，如果传统的会议形式无法在小组内部达成共识，那么可以利用KJ法帮助小组解决问题，列出工作重点。

R3 设计调研的深度决定了设计定位的高度。**R5** 选择一项合理的分析工具，能使设计分析事半功倍。

KJ法问题分析（2）problem analysis

针对不同的使用群体采取
风格材料等差别化设计

对老年人使用的操作界面亮化简单化

a) 采用明亮对比明显的色彩和大字号的字体
b) 使用旋钮式和按键
c) 针对老年人操作界面简单，功能按键尽量使用机械式与微电脑式结合
d) 操作界面字体按键与背景对比突出

年轻人偏好外观个性化情趣化充满活力的产品

a) 外观形态应当情趣化小型化
b) 色彩多样，充满活力
c) 外观形态充满活力
d) 色彩个性化，DIY
e) 炉门可显示当下的天气状况
f) 可在炉门上画画，DIY自己喜欢的图案

公共场所使用快捷方便简化小巧的产品

a) 较多地使用触摸按键和电子显示，减少机械操作装置办公室使用
b) 开发适合办公室等场所使用的功能简单外观时尚科技的低成本型号
c) 开发可供多人同时使用的型号
d) 定时开关机和保温加热，适合上班族预热食物
e) 简化功能，添加趣味
f) 材质色彩的选择，要符合办公室使用
g) 造型多样化
h) 趋向小型化节约空间
i) 使用快捷方便，节省时间

通过对各方面元素的人性情趣的设计以及这些设计的整合来达到产品整体的人性化和情趣化设计

按键功能的划分和突出处理

a) 根据按键使用频率和功能采用不同材料和大小处理
b) 按键舒适度
c) 对主要按键，使用频率较高的按键进行标志性标出
d) 按键按照功能区进行功能区域划分
e) 针对视力不佳者，操作键盘要清晰明了或进行亮化处理
f) 自动提示下一步操作，按键自动闪烁
g) 针对老年人操作界面简单，功能按键尽量使用机械式与微电脑式结合
h) 操作界面字体按键与背景对比突出
i) 用颜色把主次要功能区分开

提示音的类型及方式人性化情趣化

a) 遥控器上的提示可添加振动提示
b) 增加语音提示功能，可以提示如何加热和加热完
c) 提示音设个性化，如可以调节大小，类型等

增加一些特殊功能使其方便快捷

a) 附加可以分区间地放入容器，可增加一次性放入食物的数量和种类
b) 自动蓄电功能，满足断电情况下使用
c) 添加菜谱显示系统
d) 针对特殊人群添加特殊功能
e) 火候的分类
f) 在加热圆盘上加一层滑动的板，加热好后自动滑出，方便拿取

通过对炉门、按键、外形的改良和创新实现趣味化的设计

a) 方便快捷，可增加提手，便于搬运
b) 宜人化设计，控制面板设计考虑特殊人群的使用
c) 面板上可视食物加热情况或温度变化
d) 从上部开盖后，底部托盘自动上升，把食物拖出，方便拿取
e) 采用多层炉腔设计，可同时加热不同食物
f) 灯箱形状的多样化，目前多为长方形箱型
g）上部加把手，易于三维移动
h）开门的把手为横向，可像抽屉一样拉出食物，方便端取
i）挂顶式安装，用遥控器控制加热后，托盘自动下降
j）除了采用外凸，内凹，按键等方式再考虑遥控等新方式
k）门把手设计和开关方向和方式多样化
l）托盘不转动而通过漫反射使食物加热均匀
m）底部应便于平面上的移动，但又有防滑功能
n）摆放方式不唯一，更具风格化，如可以设计成吊灯式，不用时完全可以当做装饰品

使用天然材料维护使用安全采取各种措施防止辐射伤害

a) 防辐射的特殊材料的应用
b) 添加隔离层
c) 使用遥控器，增加操作距离减少辐射
d) 使用状态指示灯和炉门自锁装置确保安全
e) 开门自动停止运行，防烫防辐射

模块化设计有利于产品外观的组合及维护

a) 提供可拆卸外壳，且有不同造型，色彩可供选择，消费者个人DIY
b) 使用模块化设计：
　模块1：微波炉发出装置
　模块2：加热炉腔(体积可选)
c) 分成主机箱+操作面板+装饰面板三个模块，可自由组合组装
d) 外部有不同花纹，可拆卸，更换重组
e) 炉门视窗可更换，提供多种个性化图案的视窗

通过材料替代、防溢装置可拆分设计防污去污

a) 易受污染的地方采用玻璃等易清洁材料
b) 内部底部采用凹形设计，防止溢出液体而大面积污染
c) 汤水易溢出问题的解决，如加防护罩
d) 四面面板可去除，清洗方便
e) 内腔可以取出，易于清洁

根据环保和装饰需要加入天然材料

a) 外壳使用自然材质
b) 使用高密度纸板材质
c) 外壳使用陶瓷及表面花纹
d) 玻璃托盘重而易碎，替代为其他较轻结实的材质
e) 外部装饰部分加入多种材质
f) 增加玻璃材料的使用面积，体现科技与时尚

KJ法分析

材质分析

ABS塑料

工艺简单、光泽度好、易于上色，相对其他热塑性塑料来说成本较低。

PC塑料

具有突出的冲击韧性和抗蠕变性能，有很高的耐热性，耐寒性也很好，耐磨，有一定的抗腐蚀能力，但成形条件要求高。

有机玻璃

优秀的抗化学物质和抗风化性，高度的印刷附着性，可完全回收利用，优秀的视觉清晰度，特别的色彩创意与配色，表面硬度高，耐久性好。

微晶玻璃

无吸水性、防冻、防铁锈、不容易附着尘埃。

面对不同需求的消费者，在选用材料时不仅要考虑材料的质感、加工工艺、耐磨性、强度等因素，还需充分考虑材料与消费者的情感关系及情感联想。这就要求设计者根据消费者不同的心理需求，在对不同材质工艺的性能特征深入分析和研究的基础上，科学合理地加以选用，从而设计出具有不同情感价值的微波炉。

主要以微波炉箱体、炉腔和视窗的材料为分析对象。

壳体　一般由不锈钢等金属材料制成，表面经烤漆或拉丝等工艺处理。

炉腔
不锈钢内胆（反射好，易清洁）

涂层铁板内胆（耐久性好，造价低于不锈钢）

纳米银内胆（杀菌性能好）

陶瓷内胆（传热性能最高，表面光滑易清洁）

材质分析

视窗　　一般用金属丝网浇铸到玻璃、有机玻璃、树脂等透明材料上，或者用黏结剂粘贴在透明的衬底材料上，以保证对微波防护的同时，让可见光穿过该壳体材料，便于观察微波炉里面食物的加热状况。

以老年人这个特殊群体作为使用对象，展开对微波炉的设计。

随着我国老龄化进程加速，老年用品市场巨大。权威部门预测，我国老年人市场的年需求约为 5000 亿元，而每年为老年人提供的产品则不足 1000 亿元。由此可见，老年用品市场必将成为潜力巨大的消费市场之一。

设计目标

由于年龄增长，身体机能的退化，手脚无力、反应迟缓、老花、白内障、对光线强度的适应性差、听力和记忆力下降等，都是老年人常见的问题。

针对以上问题，可见，设计老年用微波炉应做到：

■ 舒适，方便；

■ 简单，便于操作；

■ 按键稍大，标识、文字清晰；

■ 图标简洁易懂，产品语意明了；

■ 应具有兼容性，不仅适合老年人，也适合年轻人。

造型

老年人心理活动主要表现如下。

1.感觉减退：四五十岁后视觉开始出现老化，随后听力、嗅觉、味觉、痛觉、触觉等出现不同程度的降低。

2.智力减退：智力衰退的速度因人而异，一般在60岁以后明显减退。老年人智力的改变受许多因素的影响。

3.记忆力减退：记忆力减退通常最早出现，对新事物学习较年轻人困难。由于记忆力减退，老年人定向力常发生障碍。

4.情绪改变：在老年人群中，情绪改变差异很大。

5.老年人性格改变：一般认为进入老年后有些人对身体机能过于关注，对外界环境有一定的淡漠表现，缺乏兴趣，生活单调，不易适应新事物。

6.老年人行为改变：老年人由于大脑皮层的控制减弱，行为有些改变，如多疑、依赖、易激动等俗称"老小孩"行为改变。

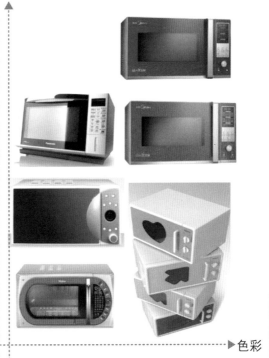

色彩

设计目标

通过添加恰当元素、装饰纹样以及色彩搭配，为原本冷漠单调的微波炉添加人性化注重造型的改良设计，尤其是对视窗、把手及操作界面的设计，使其符合老年人的审美特征。

纹样

① ② ❸ ④ ⑤ ⑥ ⑦

随着生活质量的提高，人们越来越崇尚自然健康，返璞归真，以及生活品味的提升，更加注重精神层次的享受。这就对微波炉的设计提出了更高的要求，不仅要满足人们最基本的生活需求，更应满足人们的审美需求。造型、材料、色彩……这些因素相互制约、相互影响，如何用最简洁的造型传达出最丰富的内涵，已经成为现代设计的一个流行趋势。

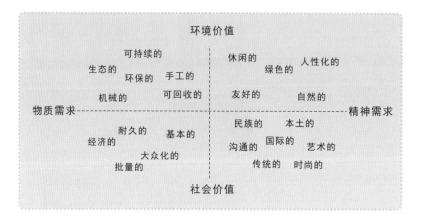

设计目标

从材料与色彩的角度入手，实现微波炉设计的时尚化、人性化，为消费者的居家环境添加生命、情感与灵魂。

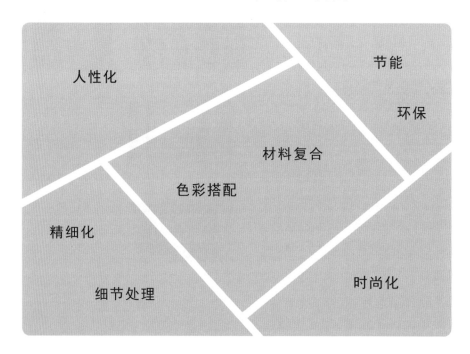

　　从现有的各种微波炉来看，存在一些潜在性的问题。如今市场上的微波炉主要从色彩和装饰上进行突破。然而，在使用结构上存在着一些潜在问题，这导致微波炉使用时仍存在很多不方便的地方。因此，从结构方面入手解决问题，有很大的空间。

以下是几个典型问题：

1. 炉门视野不够开阔，导致操作不易；
2. 拿取食物不便；
3. 单次可加热数量和品种较少；
4. 开门方式不够简便；
5. 操作面板不够简洁直观。

设计目标

　　从微波炉结构的角度入手，着重设计炉门的开启方式、把手、操作面板等，使之更加人性化，更加适合人们日常使用习惯，开阔。使得食物的拿取更为方便，视野更为开阔，目标如下。

1. 炉门打开时视野开阔；
2. 把手设置合理；
3. 炉门打开方式符合人机要求；
4. 拿取食物方便；
5. 操作视线合理；
6. 操作面板基本合理。

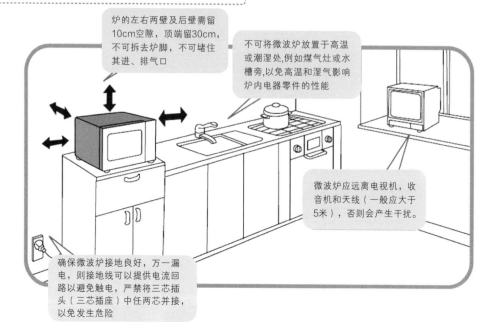

炉的左右两壁及后壁需留10cm空隙，顶端留30cm，不可拆去炉脚，不可堵住其进、排气口

不可将微波炉放置于高温或潮湿处,例如煤气灶或水槽旁,以免高温和湿气影响炉内电器零件的性能

微波炉应远离电视机,收音机和天线（一般应大于5米）,否则会产生干扰。

确保微波炉接地良好,万一漏电,则接地线可以提供电流回路以避免触电,严禁将三芯插头（三芯插座）中任两芯并接,以免发生危险

使用环境

● 使用前，必须仔细阅读产品使用说明。

● 使用前，使用者必须检查清楚所用之器具是否适用于微波炉:切勿将非微波炉器皿放入微波炉内加热食物，以免引起打火等异常现象损坏微波炉。

● 如果因碰撞或跌落造成外盖、门体门封发生损坏，应立即停止使用微波炉，直到厂家维修部的技术人员将其修好为止。

● 外罩百叶窗严禁覆盖，以免温升过高损坏微波炉。

● 在煲汤或烹调较多份量时，食物顶部离容器口应在3～5cm以上，否则可能有沸腾溢泻现象发生。

● 不要试图在炉门开启的情况下烹调食物;严禁用异物堵塞安全锁孔，避免微波泄漏。

● 不要在微波炉烹调完毕后立即用湿毛巾擦拭或用冷水清洗玻璃转盘，以免引起玻璃转盘破裂或损坏微波炉。烹调后炉腔温度高，应在微波炉自然冷却完毕后再清洗炉腔，以免烫伤。

● 当加热汤或饮料时应注意有些液体在超过沸点而无气泡产生，这会造成突然沸腾的现象，食用前请搁置一段时间并搅拌均匀，以免烫伤。

● 如果在使用中产生烟雾或火花，请保持炉门关闭，并立即切断电源。

● 微波炉内无食物时，不要启动微波炉，空载运行对微波炉损坏较大，并有可能导致危险。

● 带转盘的微波炉没有放入玻璃转盘及转环时，不可使用微波炉。

● 食物由保鲜膜或其他塑料纸包裹，加热或烹调时，请保证包装袋处于开口状态，以免爆裂。

● 烹调完毕后从微波炉内取出食物和器皿时，应当使用隔热手套，以免高温烫伤。

● 由于微波炉工作电流大，请用专用插座，不要与其他耗电量大的电器（特别是空调、取暖器等）共用一个插座，以免造成电源过载，引起火灾。

● 微波炉内有微波辐射源及高压，且无任何结构可供用户调整，严禁打开外罩!

● 使用完毕后,请拔出电源插头,确保不要将电源线和插头主直接放在外罩上面,更不要将其靠近火源。

● 微波炉不能用来加热带壳的鲜鸡蛋或已煮熟的蛋，煎荷包蛋时候需挑破蛋黄，因为在用微波加热时甚至在加热之后它们可能会发生爆炸现象。

● 用微波炉煎烤食品或加热油质食品，或长时间加热时，请务必随时监视食物的烹调情况，以防着火。

● 加热水分含量少，不耐热容器包装的食物时，请用低火，以免烧焦食物或包装袋着火。

● 不可敲打控制面板，以免控制系统失灵。

● 烹调食物时，切勿密封或盖紧容器（加热奶瓶应拧下奶嘴），喂食瓶和婴儿奶瓶应经过搅拌或摇动，喂食前应检查瓶内食物的温度，避免烫伤。

● 如果电源线破损，必须及时更换由厂家提供的专用电源线;

● 有烧烤功能的微波炉，烧烤食物时，炉的顶板和后板温度较高，人体不要触摸，以免烫伤。

设计构思草图

设计构思阶段的草图常被认为是设计创意思考的实践、记录和整合表现的重心。大多数设计师将其视为表达设计思维最直接有效和激动人心的手段。对设计师而言，设计是在草图中成长起来的。美国一位设计师曾这样描述草图的作用："一面反复绘画草图，同时用一种几乎像佛教禅宗的方式，用直觉去领悟用手刚刚画出来的草图中的现实境界。对于我来说，这就是在设计。"

在设计过程中，从分析环境、收集数据开始，形式各异的设计草图便随之出现。这时草图有记录性的、分析性的，也有对随之而来的感受、联想的勾画。草图可以最大限度地快速捕捉设计灵感，表达各种构思创意，是概念设计中反映思维冲动，赋予设计对象以外观和形式的重要表现手段。同时，设计构思草图还成为概念设计中创造性思维的真实记录，体现了设计灵感和创意的发生和发展过程，同时还与各类环境艺术设计图纸一起构成了全面表达设计思维活动形成和完善的系列文件。

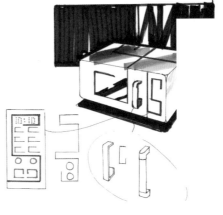

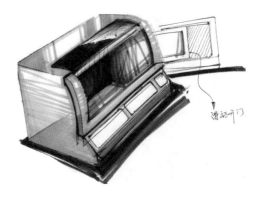

草图设计

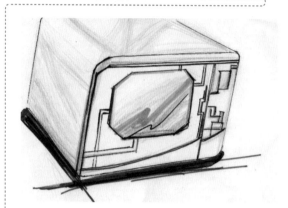

设计构思草图是设计人员在开展工作之前设计思维的展开，它对理顺设计思路，找到合理的设计定位有很大帮助，同时草图也体现了设计师对项目在宏观层面的分析。

草图设计

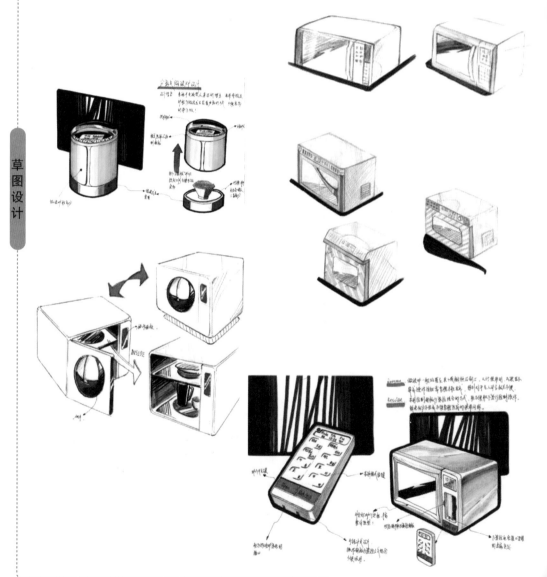

R17 设计展示是设计师与客户之间沟通的桥梁。

二维模型效果展示

　　二维平面效果图是在创意草图基础上进一步的深入，相对于前期创意草图来说，二维平面效果图能快速、准确地表达产品各部分之间的比例、尺度，进一步的推敲产品形面转折关系，是由创意草图向三维模型转化的桥梁。

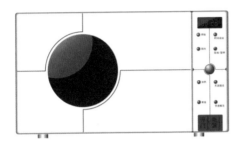

二维模型

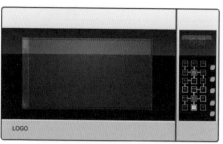

二维模型效果展示

　　二维平面效果图的过程能有效避免设计项目中的不确定因素，为从二维草图走向三维模型架起桥梁。

二维模型

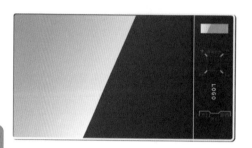

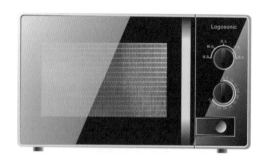

R17 设计展示是设计师与客户之间沟通的桥梁。

设计说明:

　　这是一款为老年人设计的微波炉，两面滑动的开门方式给人更大的视野和操作空间，对于因健忘而不适合封闭方式储物的老年人来说较为实用。操作面板的按键也加大尺寸，并设置了一些常用的快捷键，方便操作。

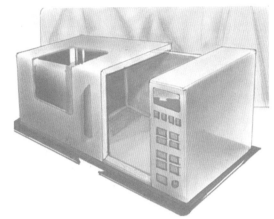

三维模型

设计说明：

三维模型

　　该微波炉的视窗突破传统方形视窗的局限，采用中国传统的圆形窗，给人视觉和心理上的新奇感和亲切感。整体方形与圆形的组合，圆形的加入减弱方形的冷感，加入圆润因素，把中国传统窗格形抽象出来，加入到操作面板按键的设计中，把手采用两个圆柱相贯的形式，圆形把手方便人们抓握。

中国一点 "红"

三维模型

设计说明:

　　该方案名为"中国一点红"。门的开启方式为弹出式,只要点按中间的凸起按键即可自动弹开,箱体外壳选用不锈钢金属烤漆,面板采用钛晶玻璃。造型简洁,色彩绚烂。

案例2

机械设备

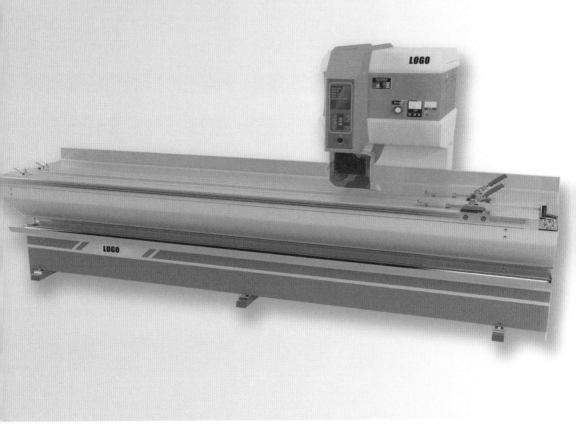

INDUSTRIAL DESIGN

SELECTED SAMPLE

R1　设计输入是设计师理解设计项目要求的依据。
R2　项目的时间计划是设计师协作的指南针。
R3　设计调研的深度决定了设计定位的高度。
R5　选择一项合理的分析工具，能使设计分析事半功倍。
R6　了解竞争对手与同行产品才能达到知己知彼，设计创新。
R7　设计对象实地测绘和沟通就如人谈恋爱，可加深了解。
R8　行业品牌区间的分析，帮助设计师理解产品行业属性。
R10　与客户确定设计要点，可使宏观设计概念微观化。

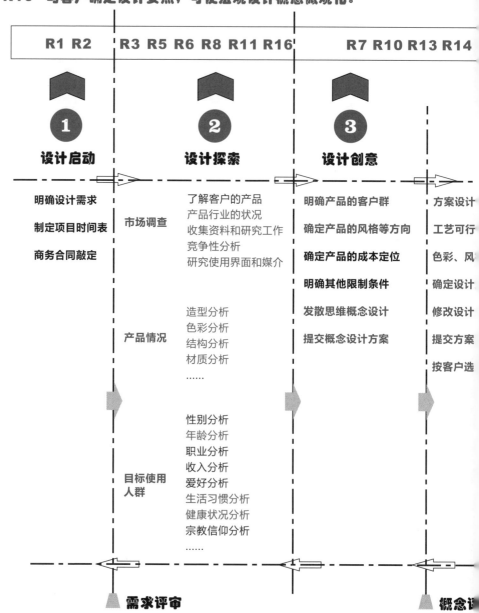

R11 产品的属性决定了产品的色彩，色彩是产品与用户之间的心灵沟通。
R13 标准是设计师成功设计商业化产品的入门资料。
R14 设定评估标准是设计师与客户间理性评价设计的天平。
R15 分析评估标准使设计师的设计目标更明确。
R16 产品局部分析越到位，设计创新越精确。
R17 设计展示是设计师与客户之间沟通的桥梁。
R18 改良型产品设计方案是80%企业的选择。
R19 创新型设计是提升企业产品研发力量的推进器。

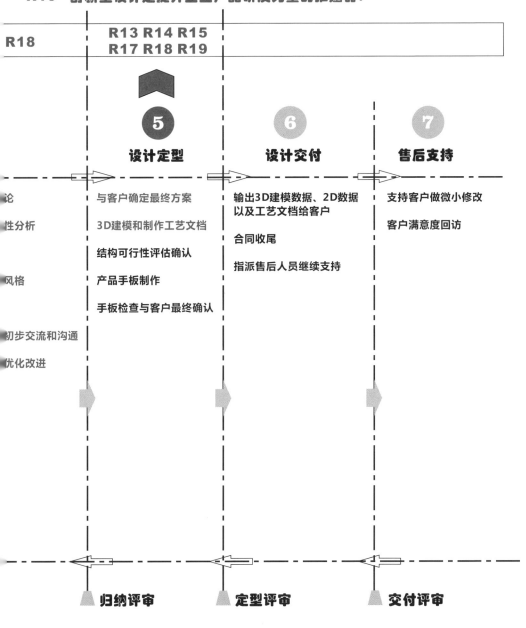

| R18 | R13 R14 R15
R17 R18 R19 | |

5 设计定型　　**6 设计交付**　　**7 售后支持**

论　　　　与客户确定最终方案　　输出3D建模数据、2D数据　　支持客户做微小修改
性分析　　3D建模和制作工艺文档　　以及工艺文档给客户　　　客户满意度回访
　　　　　结构可行性评估确认　　　合同收尾
风格　　　产品手板制作　　　　　指派售后人员继续支持
　　　　　手板检查与客户最终确认
初步交流和沟通
优化改进

▲ 归纳评审　　　▲ 定型评审　　　▲ 交付评审

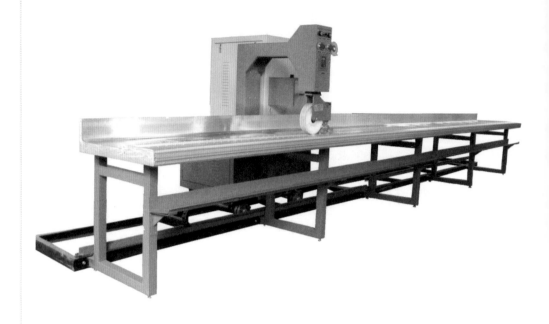

连续式高频熔接机

本实用新型是在现有连续式高频塑料热合机的基础上，通过对其有色金属长条电极板进一步改进而实现的。在结构设计上，将柔性材料置于纵向开口型材内，将导电铜皮置于柔性材料上，绝缘层置于导电铜皮上。移动式高频电极板热合定形总成的下面置有护轮带。

优点：将非柔性有色金属长条电极板，设计成柔性有色金属长条电极板，能够解决高频电极板与柔性有色金属长条电极板间由于机械制造所产生的局部间隙不均的难题，使位于高频电极板和柔性有色金属长条电极板间的拼接材料能够均匀地处于高压电场之中，保证了材料拼接处的完全熔融黏合；二是移动式高频电极板热合定形总成下面置有护轮带的设计，保证了移动式高频电极板热合定形总成与拼接材料不接触，不会发生粘连现象，保证了拼接质量。

序号	需求类别	需求内容
1	产品定位需求	适合普通用户操作的机械产品
2	开发类别	外观造型设计
3	面向消费市场	国内外广告器械市场
4	面向消费群体	广告经营者、纺织印刷经营者、建筑用膜结构
5	成本需求	维持原产品制作成本或稍加提高
6	外观风格需求	力求简洁、协调，突出企业产品形象
7	外观装饰附件	不加多余装饰
8	性能需求	保证机器能正常安装、调试，拆装方便，操作符合人机要求
9	产品尺寸需求	满足结构装配标准和要求
10	颜色需求	力求整体搭配协调、美观，适合工作场所，减少视觉刺激
11	材料需求	钣金件为主，可应用其他辅助材料
12	工艺需求	工艺力求简单可行，加工成本低
13	时间需求	按设计合同规定时间交付
14	模型制作	无
15	其他需求	无

项目要求

R1 设计输入是设计师理解设计项目要求的依据。

		设计前期					设计展开					设计完成					
		项目启动	设计输入	资料收集	设计分析	设计定位	概念草图	草案设计	色彩分析	CAD建模	渲染	方案评估	方案甄选	最终定稿	方案解析	工程图纸	方案提交
七月	23(三)	■															
	24(四)		■														
	25(五)		■														
	26(六)			■													
	27(日)			✕													
	28(一)			■													
	29(二)				■												
	30(三)				■												
	31(四)					■											
八月	1(五)						■										
	2(六)						■										
	3(日)						✕										
	4(一)							■									
	5(二)							■									
	6(三)								■								
	7(四)									□							
	8(五)									■							
	9(六)									■							
	10(日)										✕						
	11(一)										■						
	12(二)										■						
	13(三)											■					
	14(四)												■				
	15(五)													■			
	16(六)														■		
	17(日)														✕		
	18(一)															■	
	19(二)															■	
	20(三)																■

① ② ③ ④ ⑤ ⑥ ⑦

R2 项目的时间计划是设计师协作的指南针。

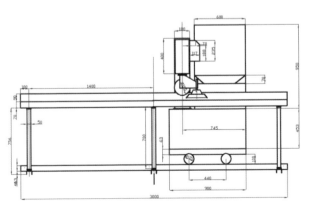

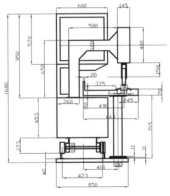

R7 设计对象的实地测绘沟通就如人谈恋爱，可加深了解。**R9** 使用对象与销售渠道的分析，使设计师直观理解产品的使用对象。

设计注意点:

1. 操作面板排布、按键位置的控制方式设计。

2. 悬臂架与上下箱体的组合以及它们的色彩搭配。

3. 两端围合、底部封闭方式、围合件的设计。

4. 操作部位封闭,采用循环式传动。

5. 红外定位装置的设计。

6. 稳压器、吸布器位置移至两端,控制按键调节。

7. 部件的造型设计。

8. 整体形象、企业标志的设计和安排。

9. 平台的色彩配置。

10. 后期包装、运输的设计与布置。

11. 维修开门、孔的操作方式。

12. 前部面板的设计。

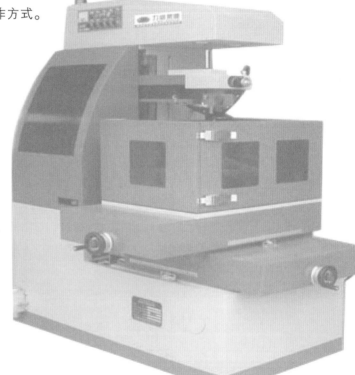

❶②③④⑤⑥⑦
R10 与客户确定设计要点,可使宏观设计概念微现化。

定义

高频塑胶熔接机（又名高周波塑胶熔接机），是塑料热合的首选设备，它是利用高频电场使塑料内部分子振荡产生热能而进行各类制品的熔合。

工作原理

介质材料，在高频电场的作用下发生分子极化现象，并按电场方向排列，因高频电场以极快的速度改变方向，则介质材料就会因介电损耗而发热。

用途

各种聚氯乙烯（PVC）为主的塑胶熔接、焊接、烫金等；吸塑包装（包括上下双泡罩热合切边，泡罩与纸板热合切边等）；汽车内饰件、坐垫、商标、文具、贴纸、塑料封面、吹气玩具、鞋类制品、雨帆、雨伞、雨衣、皮包、铭牌、水床、遮阳板、车门板、手提软袋等的热合加工；各种凹凸开关的花纹图案、字母文字的压制等。装上简单装置还可进行烫金加工。

特点

1. 输出电力强大，本机振荡器所产生的频率27.12MHz 或 40.68MHz 符合工业波段标准，各种控制装置可避免不当操作，且能最快时间熔接制品、提高产品产量。

2. 高灵敏火花保护装置，当火花产生时，可自动切断高周回路，使机件及物件损害降低，当电流过高时，自动切断高压保护振荡管及整流器。

产品概述

典型产品

高频熔接机（呈诚）

1.高频振荡器与热合机身一体化设计，不仅电热效率高且占地面积小。

2.操作系统符合人机工程要求，操作简单，有多种操作方案供用户选择。

3.机头开度调节大，压合缸压力调节细腻，发热板预热，温度均匀且调节方便，熔接时间可以通过时间继电器调节。

高频熔接机（华豫）

1.采用日本东芝真空电子管，输出功率稳定可靠。

2.高灵敏火花过流保护回路。

3.设有高周波频率稳定器及高周波屏蔽装置，将高频干扰降到最低。

4.独有电子式恒温控制系统和自动过流保护系统。

5.四角式水平调节、调模简便省时。

高频熔接机（华日金菱）

主要用于各种塑料产品的成形，并将不同形状泡罩或泡壳自动焊接，适用于PVC、PS、PET、APET、PETG等双面吸塑焊接（环保材料可熔接但不能切边），吸塑与纸卡封合，环保APET胶片折盒，纸卡与纸卡封合，特殊材质封合及柔软线压痕。

R3 设计调研的深度决定了设计定位的高度。**R6** 了解竞争对手与同行产品才能达到知己知彼，设计创新。**R8** 行业品牌区间的分析，帮助设计师理解产品行业属性。**R16** 产品局部分析越到位，设计创新越精确。

机械设备造型的美学特征

1. 显示优良的工作性能，表现现代科学技术水平的精确美。

2. 反映科学技术材料结构，工艺及造型完美统一的材料美、结构美、工艺美。

3. 适应结构特点和现代审美要求，体现时代性的比例美、线型美。

4. 符合人们的生理、心理需要及人机工程学的色彩美、舒适美。

5. 满足现代生产方式需要，便于标准化和互换的规整美、简洁美。

造型设计分析

整体与局部风格一致，比例恰当

空间布局结构紧凑，层次清晰

形体均衡稳定

形状过渡合理

操纵舒适，施力方便

照明适度，光线柔和

造型分析

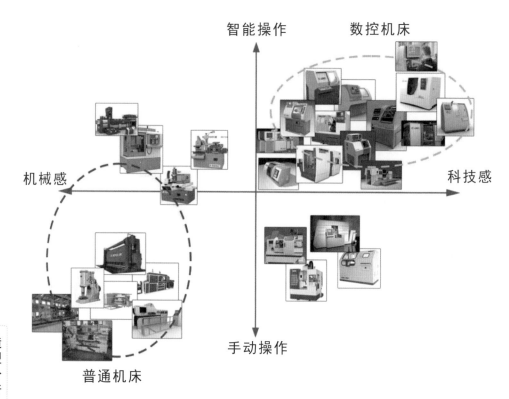

普通机床

两类机床比较

　　比较普通和数控两类机床的性能，数控机床具有更多的优点：加工复杂形面零件能力强、适应多种加工对象；加工质量、精度和加工效率高；适应CAD/CAM联网、适合制造加工信息集成管理；设备的利用率高、正常运行费用低等。针对大部分中小批量生产的制造企业，选择数控机床替代旧机床来增强生产能力已是发展趋势。

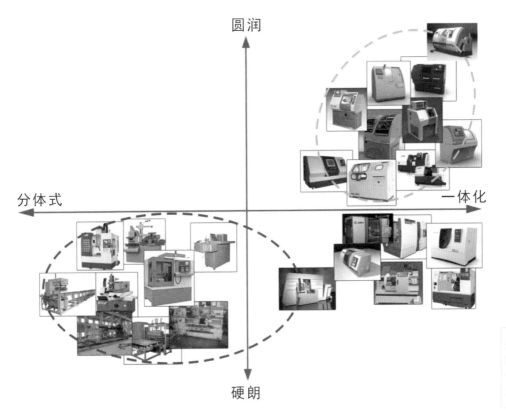

圆润

分体式

一体化

硬朗

造型分析

造型分析

由分析可知，机械设备外观造型大致可分以下两种。

1.方直的形态。这类机械设备的形态多为直线加以小圆角过渡，整体造型较为方正、硬朗。直线给人以精致、严谨、统一有序和理性的感觉，符合这类机械设备高精度、高速度、高效率的功能特点。

2.圆润的形态。这类机械设备多以曲面造型为主，面与面之间采用大圆角平滑连接，给人的整体印象是造型圆润、统一，线条流畅。

R3 设计调研的深度决定了设计定位的高度。**R5** 选择一项合理的分析工具，能使设计分析事半功倍。**R6** 了解竞争对手与同行产品才能达到知己知彼，设计创新。**R8** 行业品牌区间的分析，帮助设计师理解产品行业属性。

造型分析

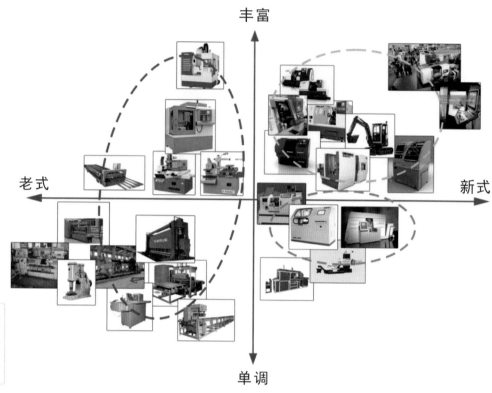

丰富

老式　　　　　　　　　　新式

单调

外罩造型分析

　　现有机械设备的外罩造型从其正立面上大体可以概括为曲面造型、直面造型和斜面造型。

　　这三种特征的外罩造型给人的感觉各不相同。以曲面、曲线为基调的外罩造型给人圆润、流畅、活泼、亲切的感觉，以直面、直线为主的造型风格给人规整、均衡、庄重的感觉。正立面以斜面为主的造型，其面与面之间的转折变化较为丰富，给人以有生气、活力轻巧的感觉。

① ② ③ ④ ⑤ ⑥ ⑦

R3 设计调研的深度决定了设计定位的高度。**R5** 选择一项合理的分析工具，能使设计分析事半功倍。**R6** 了解竞争对手与同行产品才能达到知己知彼，设计创新。**R8** 行业品牌区间的分析，帮助设计师理解产品行业属性。**R16** 产品局部分析越到位，设计创新越精确。

明快

陈旧

新颖

暗淡

机械设备色彩分析　　色彩的轻重感对于处理产品造型中均衡与稳定的关系，有很大用处。若在机身底部采用一条较宽的暗色带，或者在右边设置一块深色标牌，就能使其造型趋于均衡。据此，通常对其上部施以较浅的颜色，显得轻巧；下部施以较深的颜色，感觉稳重，因而获得了稳定而生动的总体效果。

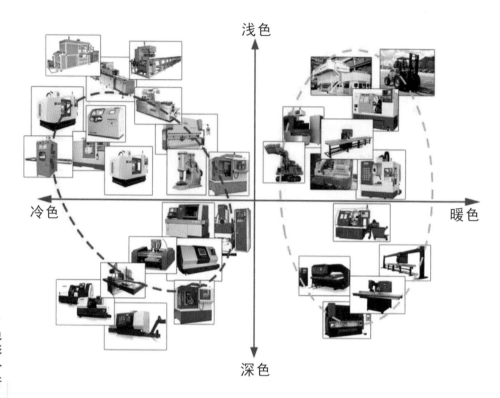

明亮的颜色感觉软，深暗的颜色感觉硬。色彩的软硬感对于增强产品形体的力学效果和表面质感效果、表达产品的性格与创造宜人舒适的整体色调，有很大用处。

R3 设计调研的深度决定了设计定位的高度。**R5** 选择一项合理的分析工具，能使设计分析事半功倍。**R6** 了解竞争对手与同行产品才能达到知己知彼，设计创新。**R8** 行业品牌区间的分析，帮助设计师理解产品行业属性。**R11** 产品的属性决定了产品的色彩，色彩是产品与用户之间的心灵沟通

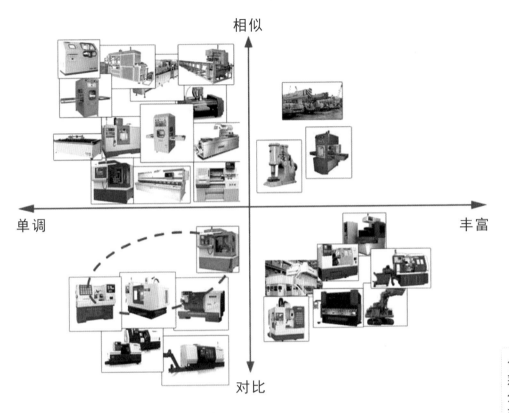

相似

单调　　　　　　　　　　　　丰富

对比

　　在产品色彩设计中，色彩的联想分为具体联想和抽象联想。比如红色会令人具体联想到火焰、红旗、鲜血等，抽象联想到热情、喜庆、赤诚、革命等。利用这一特点去调节和改善操作者的情绪，表达产品的特征。综合考虑产品的功能、使用环境、人们对色彩的感受以及用色的时代感等多方面因素，应用对比法、调和法、主从法等多种手法来进行色彩设计。色彩的调和使人安静，色彩的对比使人兴奋，色彩的杂乱使人烦躁疲劳，色彩的单调使人压抑沉闷。

　　机械设备采用湖蓝与乳白两色，底座及位于一侧的主轴箱等立体部分用湖蓝色，运动部件工作台采用乳白色，但工作台相对面积更大，白色又较湖蓝色有明显的胀大感，整体色彩效果不佳。因此，可在工作台侧面配以若干个面积适中的湖蓝色色块，这样就获得了色彩面积的等同感和均衡感。

现有市场同类产品主要应用色彩：

色
彩
分
析

C	100	100	72	96	100	100	75
M	24	73	46	59	52	20	40
Y	20	30	56	4	0	59	0
K	77	83	95	17	0	74	0

C	8	2	0	0	0	51	22
M	5	1	17	68	60	5	0
Y	12	66	100	100	90	37	10
K	15	0	0	0	0	15	0

C	64	35	100	39	43	73	35
M	5	0	10	12	0	0	8
Y	100	19	36	0	33	11	19
K	24	0	48	0	0	0	25

C	1	0	0	1	6	0	100
M	75	93	50	100	93	0	78
Y	100	95	15	51	58	0	44
K	8	0	0	6	28	95	91

色彩的冷暖关系在机械设计中的应用

　　色彩的冷暖关系是在相互比较中表现出来的，对于无彩色的白、黑、灰色，虽然在整个色彩体系中属中性，但细加对比，白色偏冷，黑色偏暖，而灰色居中。关于色彩的明度和纯度，一般明度高的有冷感，明度低的有温暖感；纯度高的有温暖感，纯度低的有寒冷感。

　　利用色彩的这一特性，结合产品的功能及使用环境来确定其色彩基调，以恰当地处理人机关系。就使用环境而言，用于北方地区的机械，采用红、黄等鲜艳、兴奋的暖色为宜；销往南方炎热地区的，可采用鲜蓝、天蓝色，甚至乳白色等偏冷色调。

R3 设计调研的深度决定了设计定位的高度。　**R5** 选择一项合理的分析工具，能使设计分析事半功倍。　**R6** 了解竞争对手与同行产品才能达到知己知彼，设计创新。　**R8** 行业品牌区间的分析，帮助设计师理解产品行业属性。　**R11** 产品的属性决定了产品的色彩，色彩是产品与用户之间的心灵沟通

色彩的进退关系在机械设计中的应用

红、橙、黄等暖色是前进色，有凸出感；而蓝、青、紫等冷色是后退色，有凹进感。色彩的进退感是色彩对比过程显、隐的反映，不同背景条件下，同一色彩的进退是不相同的。在产品色彩设计中，常利用色彩的进退感创造色彩的层次，调节主从和虚实关系，丰富立体造型的空间效果。

大型机械加工设备的色彩转变还出于实际需求，为了能使产品具有自主创新的先进性，外型设计师要分析产品的特征，考虑操作者的工作时间，将色彩的属性及操作者对色彩心理综合考虑，以科学的实验方法为依据进行色彩关系的研究，以此确定色彩的趋向与组合。这种对机械装备的色彩设计及颜色上的转变是在国民经济发展和科学技术进步下形成的，然后经过广泛宣传，使人们不知不觉地予以承认。再者，随着社会的发展，人类个性的发挥也使产品色彩的转变能够展示出它的魅力，但是这些颜色不能随心所欲地确定，它的本质必须符合一般的色彩审美标准与要求。

机械设备的操作件（手柄、手轮、按键、开关等）是操作者手眼经常接触的部位，便于识别是这些零件配色的宗旨。这些零件宜采用与背景色对比较强、醒目、有亲近感的前进色。另外，产品上的标志、铭牌及有关指示装置的配色，应注意与产品主体色的鲜明对比，使之有凸出感和较强的关注感。核心部位有凸出感，得到强调，会显得与操作者的关系更接近；次要、繁琐部分有凹进感，表现了辅助部件的功能特征。这样既使主体部分的色调突出、鲜明，增加了产品的空间层次，又获得了舒适、协调的整体色彩效果。

在机身底部采用一条较宽的暗色带，或者在右边设置一块深色标牌，就能使其造型趋于均衡。通常，机身上部施以乳白色，显得轻巧；下部施以深灰色，感觉稳重，因而获得了稳定而生动的总体效果。

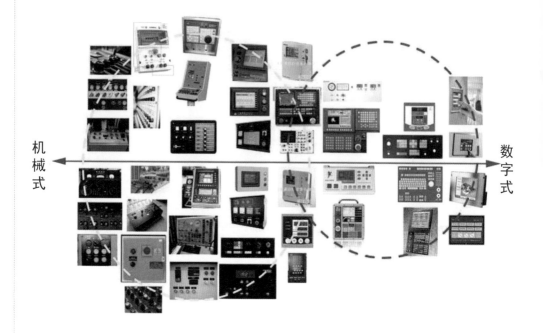

机械式　←　数字式

面板分析

面板分析

　　传统机械设备的控制面板以机械式按键为主，按键大，色彩变化明显，基本无显示屏，后期出现了较小的屏幕。而现在主流的数字化操作控制面板，按键较多，有序排列，显示屏略微增大，整体色调较和谐统一，操作更加便捷，还出现了触摸式控制屏。

　　控制面板的设计主要包括显示装置和操纵装置的选择、布局及其整体配合设计，还有控制面板的整体布局设计。在人－控制面板系统中，人在特定的环境中既要观察环境，又要正确操作机械设备，运用人机工程学原理设计出合理的控制面板，既可以为操作者创造出舒适宜人的操作环境，又可以从客观条件上减少失误率，从而提高整个机器的工作效率。对于需要定量显示的信息，可采用数字显示器；对于定性显示的信息，可采用模拟显示方式，如指针式显示，图表显示和曲线显示等。对于开关量信息的输入，采用按键或按钮的形式；对于多项选择信息的输入，采用一排按键的形式；对于连续信息的输入，采用滑块形式等。对于机器系统的警示装置，设计时应考虑警示装置是否能引起操作人员的注意以达到警告的目的。

　　显示与控制在概念上与人的期望一致，如绿色表示安全，黄色表示警示，红色表示危险。

①②③④⑤⑥⑦

R3 设计调研的深度决定了设计定位的高度。**R5** 选择一项合理的分析工具，能使设计分析事半功倍。**R6** 了解竞争对手与同行产品才能达到知己知彼，设计创新。**R8** 行业品牌区间的分析，帮助设计师理解产品行业属性。**R16** 产品局部分析越到位，设计创新越精确。

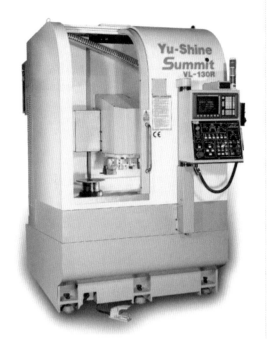

机械类设备的设计定位一般从人机工程学的角度来考量，主要考虑设备的尺寸要符合一定的操控要求，面板布局要科学合理，配色要符合人眼睛的视觉流程特性。造型上一般趋于稳重大方、精良可靠。

设计定位

设计定位

1. 操作面板上按键、显示屏的排布及控制方式更符合人的操作习惯。

2. 操作部位封闭，高温布采用循环式传动。

3. 工作台两端围合，底部封闭，围合的方式设计及围合件的外观设计使其稳重、美观。

4. 稳压器、吸布器移至两端，用按键控制和调节其工作。

5. 红外定位装置的位置安排与外观设计要与设备的整体风格统一。

6. 压布装置的外观设计宜简洁。

7. 卷布盒与工作台一体化。

8. 悬臂架与上、下箱体的组合方式需合理。

9. 改良操作面板的材质，能防静电，使操作更安全。

10. 设备整体形象及零部件的造型色彩设计实现统一、协调。

11. 操作平台的色彩搭配美观、易操作。

12. 侧门的打开方式及其上散热孔的分布设计要便于维修及散热。

13. 企业标志在设备上的摆放位置设计突出企业形象，提升产品价值。

14. 后期包装、运输的设计与布置要更利于节能。

头脑风暴

头脑风暴是工业设计过程中收集创意的一种重要方法，为设计师提供了一种有效的、就特定创意主题集中注意力与思想进行创造性沟通的方式。

1. 极易操作执行，具有很强的实用价值。

2. 非常具体地体现了集思广益，体现团队合作的智慧。

3. 每个人思维都能得到最大限度的激活，能有效开阔思路，启发灵感。

4. 在最短的时间内批量产生灵感，会有大量意想不到的收获。

5. 几乎不再有任何难题。

6. 面对任何难题，举重若轻。

7. 因为头脑越来越好用，可以有效锻炼一个人及团队的创造力。

8. 使参加者更加自信，因为，他会发现自己居然能如此有"创意"。

9. 可以发现并培养思路开阔、有创造力的人才。

10. 创造良好的平台，提供了一个能激发灵感、开阔思路的环境。

11. 营造了良好的沟通氛围，有利于增加团队凝聚力，增强团队精神。

12. 可以提高工作效率，能够更快更高效地解决问题。

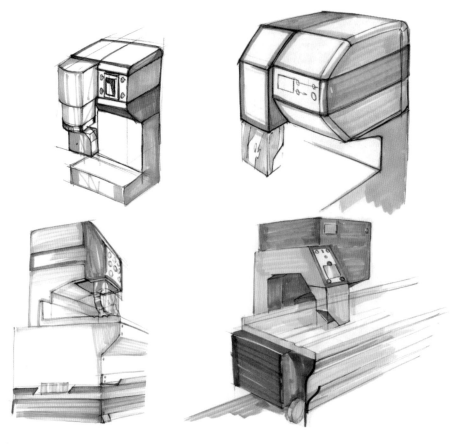

　　快速草图能帮助设计师在短时间内表达自己的设计想法，是设计师对整个设计项目从理论分析阶段向实际造型转化的一个过程。在快速草图的过程中，设计师先从宏观的角度把握整个设计的走向，在大方向确定之后，再深入进行细节的设计，在草图阶段确定之后，就开始进入二维平面图的精确表达阶段。

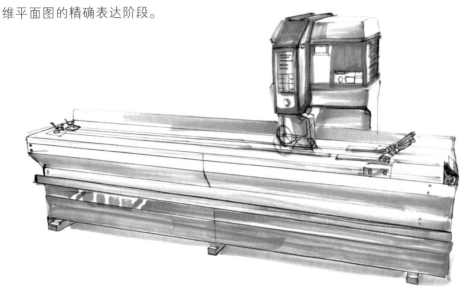

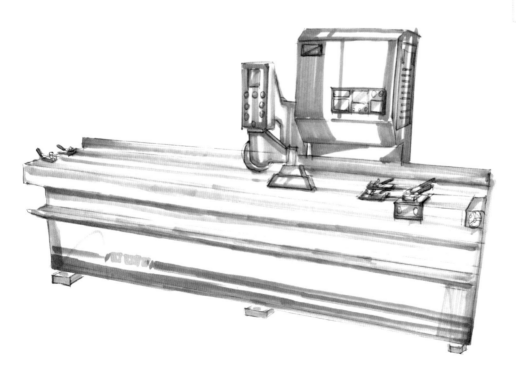

快速草图

二维表达

方案 ①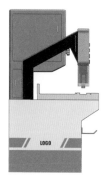

方案 ②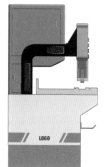

方案 ③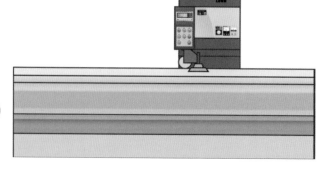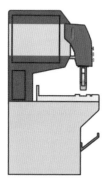

R17 设计展示是设计师与客户之间沟通的桥梁。

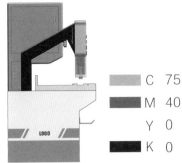

C 75
M 40
Y 0
K 0

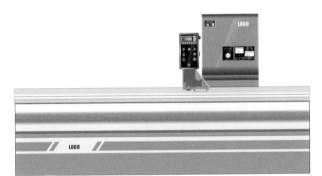

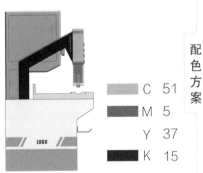

C 51
M 5
Y 37
K 15

配色方案

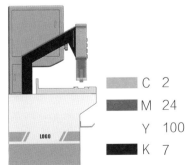

C 2
M 24
Y 100
K 7

配色方案

 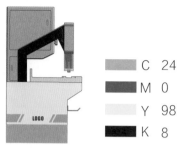

C 24
M 0
Y 98
K 8

 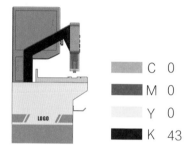

C 0
M 0
Y 0
K 43

 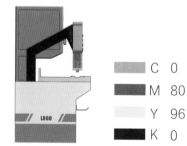

C 0
M 80
Y 96
K 0

 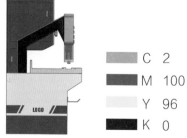

C 2
M 100
Y 96
K 0

①②③④⑤⑥⑦

R17 设计展示是设计师与客户之间沟通的桥梁。

对于控制面板来说，人的手部动作主要是以触摸为主，因此，应该以人的指尖为考虑对象。数控机床控制面板分为竖直和倾斜两种情况：

（1）当控制面板垂直于地面的时候，最佳按键区的范围与手的活动范围密切相关。以肩关节为轴，人的垂直接触区域就是按键区域，这个区域与人的肩高、与人的转轴到手指的距离相关。但是，最佳按键区的决定还与人的肘关节相关。人的肘关节抬得过高或位置过低都会产生不舒适的感觉，不便于人进行按键操作，因此，最佳按键区应该比人的肘高略高，而要低于人的眼高，使人在操作时能达到最舒适的状态。

（2）当控制面板存在倾斜角度时，手的活动范围因此也受到影响，按键时人的手掌姿势也发生变化，从而影响最佳按键区的范围，最佳的按键区为974～408mm之间的范围。

面板布局

明度

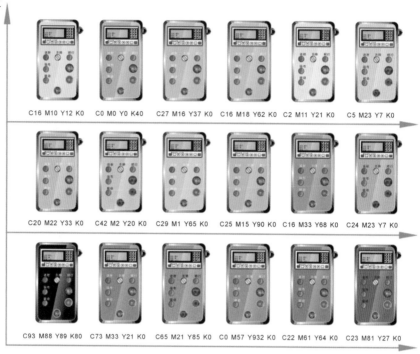

C16 M10 Y12 K0　C0 M0 Y0 K40　C27 M16 Y37 K0　C16 M18 Y62 K0　C2 M11 Y21 K0　C5 M23 Y7 K0

C20 M22 Y33 K0　C42 M2 Y20 K0　C29 M1 Y65 K0　C25 M15 Y90 K0　C16 M33 Y68 K0　C24 M23 Y7 K0

C93 M88 Y89 K80　C73 M33 Y21 K0　C65 M21 Y85 K0　C0 M57 Y932 K0　C22 M61 Y64 K0　C23 M81 Y27 K0

色相

输出调节
旋钮

变压器
表盘

电流表及
电源开关

仪表盘的优化虽然是一个细部的改变，但对于总体风格的统一以及人机、视觉的合理性起到了点睛作用。

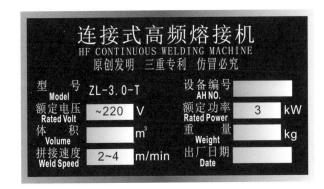

原有铭牌

铭牌是产品不可忽略的部分，就如人的名字。传统的铭牌是以铝制板材通过不同的工艺流程进行制作，随着技术、工艺、审美的不断提高，传统的铭牌显得太过于直白而缺乏高雅的美感。因此，对铭牌采用现代工艺进行改进也是一项重要的产品优化环节。

设计方案

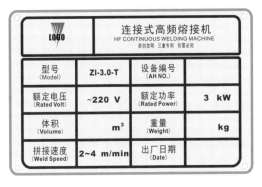

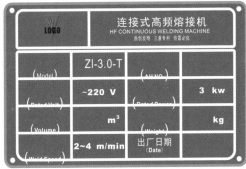

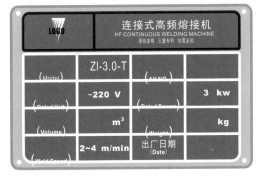

铭牌设计

● 改良型方案一：

　　该方案对悬臂高度和形式进行适度调整，使结构紧凑，机体比例协调。

　　该方案对操作面板和上机箱仪表进行重新排布，增强秩序性并使操作方便快捷。

　　该方案对设备下部进行封闭围合处理，并进行适当装饰，增加机器的体量感。

　　该方案突出了企业形象，有利于提升品牌知名度。

R17 设计展示是设计师与客户之间沟通的桥梁。**R18** 改良型产品设计方案是80%企业的选择。

● 改良型方案二：

　　该方案对悬臂结构和形式进行适度调整，使整体增加线条对比，避免造型僵硬；更换新式操作面板，并对仪表进行重新排布，增强秩序性并使控制自动化。

　　该方案对设备下部进行封闭围合处理，并进行适当装饰，增加机器的体量感。

　　该方案突出了企业形象，有利于提升品牌知名度。

　　在方案一的基础上，更换部分零部件，改进悬臂造型。

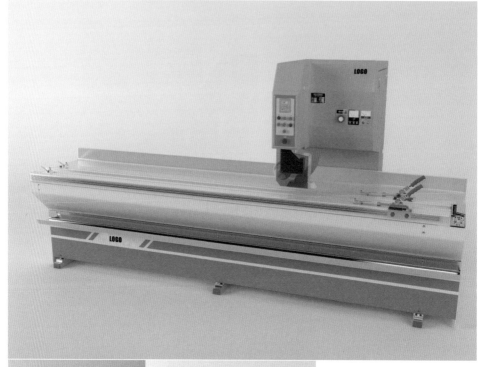

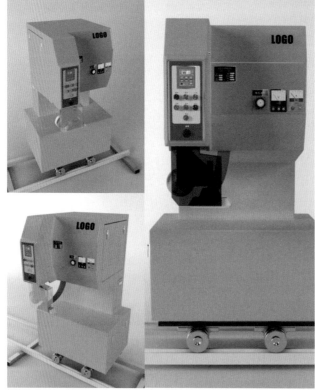

● 创新型方案一：

　　该方案将悬臂与上箱体组合为一体，使机械造型更简洁、轻巧。

　　该方案对操作面板和上机箱仪表进行重新排布，增强秩序性并使操作方便快捷。

　　该方案对设备下部进行封闭围合处理，并进行适当装饰，增加机器的体量感。

　　该方案突出了企业形象，有利于提升品牌知名度。

　　该方案强调整体感和表面机理的协调性，力求塑造现代科技感。

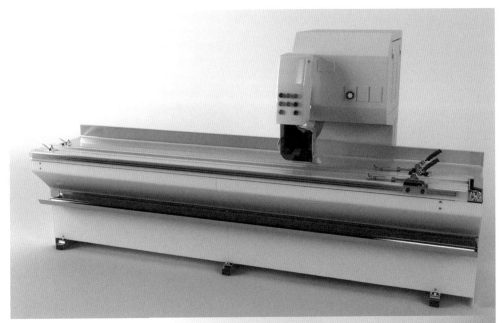

● 创新型方案二：

　　该方案将悬臂与上箱体加以组合，突出悬臂的轻巧与简洁。

　　该方案对操作面板和上机箱仪表进行重新排布，增强秩序性并使操作方便快捷。

　　该方案对设备下部进行封闭围合处理并进行适当装饰，增加机器的体量感。

　　该方案重在机体各部分的穿插组合与表面色彩的分割，形成造型差异性。

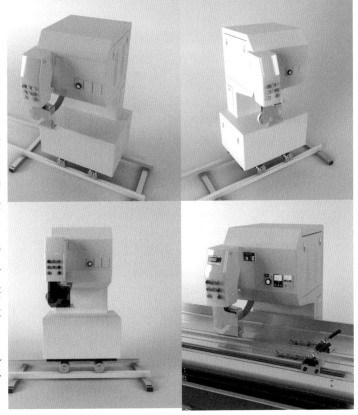

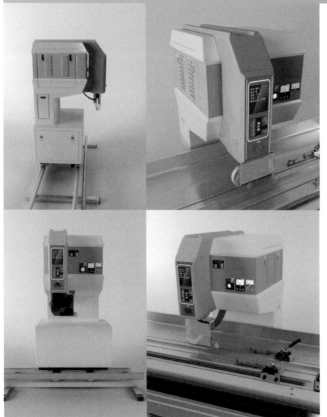

● 创新型方案定案:

　　该方案将悬臂与上箱体组合为一体,增强机械的科技感和现代感。

　　该方案对操作面板和上机箱仪表进行重新排布,增强秩序性并使操作方便快捷。

　　该方案对设备下部进行封闭围合处理并进行适当装饰,增加机器的体量感。

　　该方案强调整体感和表面机理的协调性,色彩明快,减少机械设备的冷漠感;增强机械设备的人性化特征。

方　案		很好	好	一般	尚可	差
造型	创新性					
	协调性					
	人性化					
	整体感					
	现代感					
	冲击力					
	概念性					
结构	可行性					
	难易度					
	安全性					
	稳定性					
	易装配					
材料与工艺	成本					
	牢固度					
	耐久度					
	复杂度					
色彩与装饰	和谐性					
	视觉性					
	美感					
	区别性					
	企业色					
	环境适应					
其他	交互性					
	差别化					

效果展示

①②③④⑤⑥⑦

R13 标准是设计师成功设计商业化产品的入门资料。**R14** 设定评估标准是设计师与客户间理性评价设计的天平。**R15** 分析评估标准使设计师的设计目标更明确。

效果展示

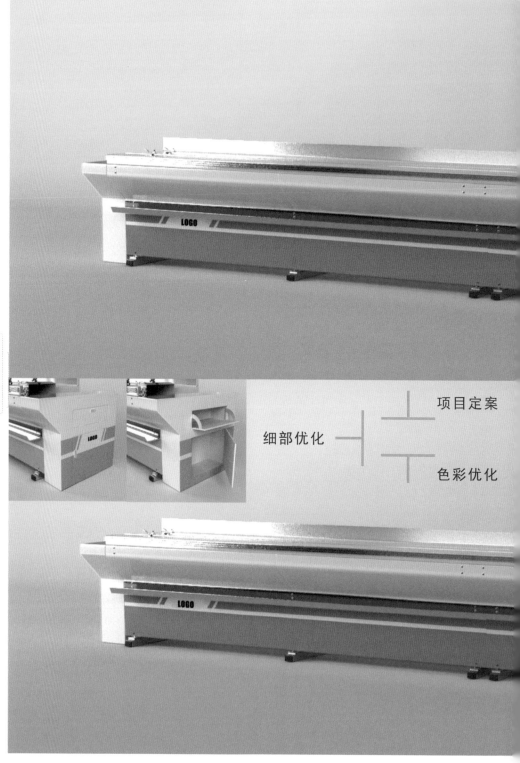

细部优化 ——

项目定案

色彩优化

R17 设计展示是设计师与客户之间沟通的桥梁。

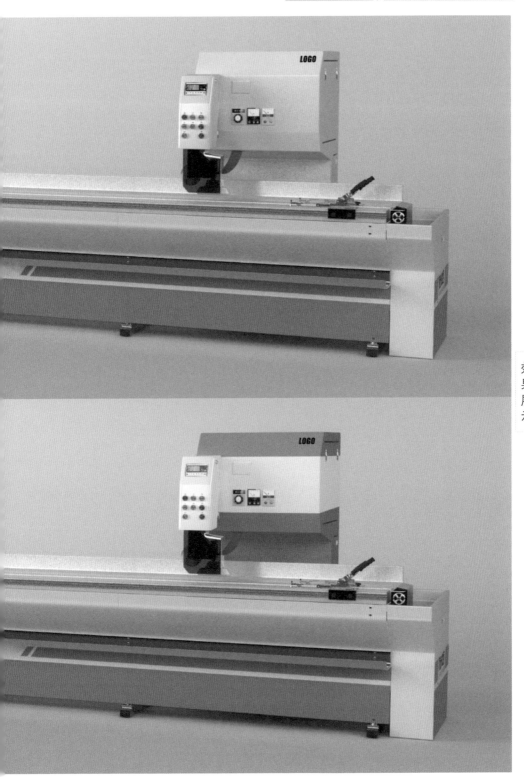

案例3

电力设备

NDUSTRIAL DESIGN
SELECTED SAMPLE

R1 设计输入是设计师理解设计项目要求的依据。
R3 设计调研的深度决定了设计定位的高度。
R5 选择一项合理的分析工具，能使设计分析事半功倍。
R6 了解竞争对手与同行产品才能达到知己知彼，设计创新。
R7 设计对象的实地测绘沟通就如人的恋爱，可加深了解。
R8 行业品牌区间的分析，帮助设计师理解产品行业属性。

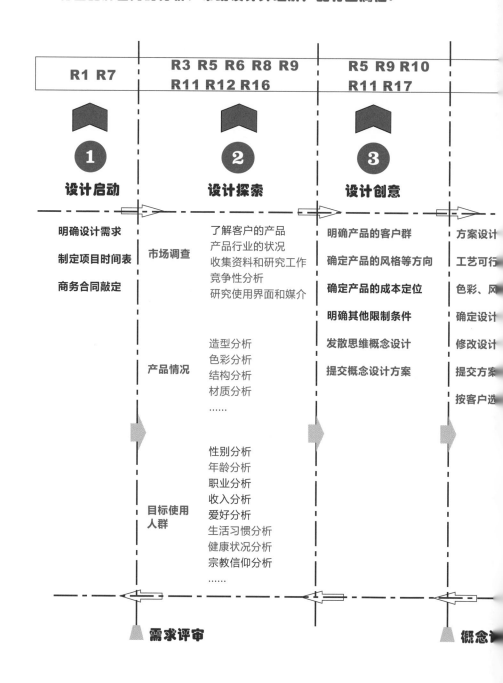

9　使用对象与销售渠道的分析，使设计师直观理解产品的使用对象。
10　与客户确定设计要点，可使宏观设计概念微观化。
11　产品的属性决定了产品的色彩，色彩是产品与用户之间的心灵沟通。
12　人机工程是设计成功走向市场的钥匙。
16　产品局部分析越到位，设计创新越精确。
17　设计展示是设计师与客户之间沟通的桥梁。

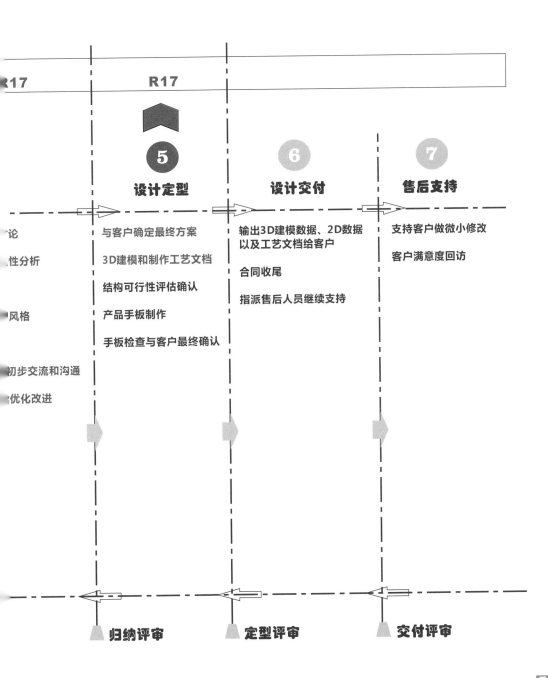

项目 之 内容

　　机箱机柜和壳体产品是工业、电子信息等众多行业发展的主要安全设施，随着机箱机柜和壳体市场的日渐成熟，我国的机箱机柜和壳体生产不仅能基本满足国内市场的需求，同时还迈向了国际市场。

　　总的来说，用户对机柜的需求集中在可用性、可管理性、可服务性、可扩展性以及生命周期成本等五个方面。新一代的电源设备，其机柜解决方案必须兼顾以上五点，从操控界面分布、机柜散热以及兼容性等方面提升管理水平，从而为用户创造满意和可扩展的使用环境。

序号	需求类别	需求内容
1	市场价格需求	
2	产品定位需求	
3	开发类别	
4	面向消费市场	
5	面向消费群体	
6	成本需求	
7	外观风格需求	
8	外观装饰附件	
9	性能需求	
10	产品尺寸需求	
11	颜色需求	
12	材料需求	
13	工艺需求	
14	时间需求	
15	模型制作	
16	其他需求	

实地测绘 之 项目

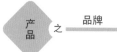

产品 之 品牌

目前市场上电力机柜大都是从机柜厂家定做，专业生产电力机柜品牌很少。机柜的品牌主要有：

国内品牌

正信、联翔、APC、APW、华阳、金盾、TOpking、爱默生、奥伦、博通、德美克斯、多力、光翼、华安、华美、金地、金地联合、精致、南拓、三盛佳业、上海新奇生、神州、台新铝精密科技、通联纵横、图腾、威宝

国外品牌

ABB、GE、Bottom、cheval、Himel-oln、JAUDA、PBF、phil jones bass、Power Battery、power-one、Quixote、Rittal、Schroff、西门子等

① ② ③ ④ ⑤ ⑥ ⑦
R3 设计调研的深度决定了设计定位的高度。**R6** 了解竞争对手与同行产品才能达到知己知彼，设计创新。**R8** 行业品牌区间的分析，帮助设计师理解产品行业属性。

国内竞争对手产品状况

　　国内主要竞争对手有正信、联翔、金地等机柜公司，这些品牌注重机柜的并柜效果，但是这些品牌的机柜与国外大的品牌公司相比还是存在着一定的差距，例如：在机柜的细节处，如散热孔、底座、底盖、倒角等方面做得还不够精致，没有太多的创新，与国外同类产品相比显得有些古板，同时在机柜的人机操作方面考虑得不多，这些都是我们国内机柜公司需要改进的方向。

国外竞争对手产品状况

　　国外一些做得比较好的机柜品牌有 GE、ABB、西门子等。这些品牌的机柜在整体造型创新方面既打破了传统机柜设计的沉闷和死板，又能给人一种稳重、大方的感觉；另外在局部造型的处理上，例如倒圆角、把手、散热孔等细节方面都做到了精致、美观，与国内品牌相比具有明显的优势；在人机操作方面也考虑得比较多。但相比国内品牌，他们的售价更高。

产品品牌 之 国内

公司名称	产品图片
正信	
联翔	
华安	
金地	
慧远	
APC	

R3 设计调研的深度决定了设计定位的高度。**R6** 了解竞争对手与同行产品才能达到知己知彼，设计创新。**R8** 行业品牌区间的分析，帮助设计师理解产品行业属性。

正信 之 同类产品

产品特点	产品图片
机身表面： 　　简洁大方，机柜表面没有过多的装饰，让人有一种简洁、明快的感觉	    
顶盖的棱角处理： 　　机柜顶盖采用梯形方角处理，直线条的棱边给人力量感	    
色彩的处理： 　　柔和的色彩处理，既不会使人感觉太沉闷，也不会让人感觉太跳跃	  

产品品牌 之 国外

公司名称	产品图片
ABB	
GE	
Simens	
Bottom	
Rittal	
Cheval	

① ② ③ ④ ⑤ ⑥ ⑦

R3 设计调研的深度决定了设计定位的高度。**R6** 了解竞争对手与同行产品才能达到知己知彼，设计创新。**R8** 行业品牌区间的分析，帮助设计师理解产品行业属性。**R16** 产品局部分析越到位，设计创新越精确。

ABB 之

产品特点	产品图片
表面简洁： 简洁的机身处理使机柜显得大方、淡雅	 
色彩的处理： 在机身整体色彩的基础上加上一种边框颜色，使得机柜很有秩序感	
棱角的处理： 大部分机柜的边框都是采用直线，棱角的处理使机柜显得很有力量感	
顶盖的处理： 机柜的顶盖采用梯形角度的造型，给人一种机柜重心稳定的感觉	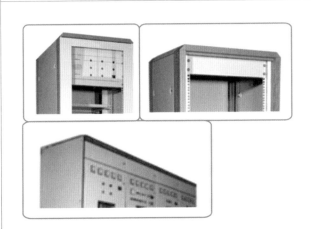

外观造型 之 整体

理性的

感性的

在电力机柜设计中，由于机柜这种设备需要人平静的心态、理性的操作，所以理性风格的机柜一直占主导地位，但过于理性又显得呆板、沉闷，有时采用感性一点的外形设计能收到意想不到的效果。

① ② ③ ④ ⑤ ⑥ ⑦

R3 设计调研的深度决定了设计定位的高度。**R5** 选择一项合理的分析工具，能使设计分析事半功倍。**R6** 了解竞争对手与同行产品才能达到知己知彼，设计创新。**R8** 行业品牌区间的分析，帮助设计师理解产品行业属性。**R16** 产品局部分析越到位，设计创新越精确。

把手 之 外观造型

旋开型

拉开型

　　把手的打开方式有拉开式、旋开式，拉开式机柜比较适合简洁、大方的整体造型，而旋开式把手则更多地运用在普通的机柜上。

外观造型 之 整体

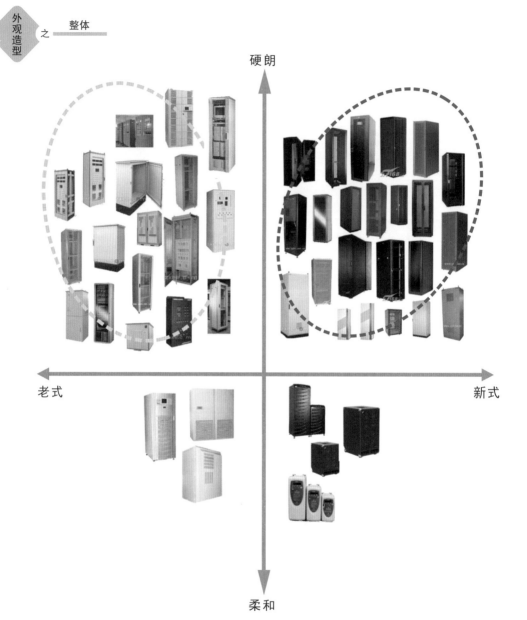

硬朗

老式

新式

柔和

在电力机柜的设计中，硬朗的直线造型占据着不可动摇的主导地位，主要原因是硬朗的直线造型符合机柜严谨的特点，同时，硬朗的直线造型给人以强硬感、安全感，更容易使人产生安全可靠的感觉。

R3 设计调研的深度决定了设计定位的高度。**R5** 选择一项合理的分析工具，能使设计分析事半功倍。**R6** 了解竞争对手与同行产品才能达到知己知彼，设计创新。**R8** 行业品牌区间的分析，帮助设计师理解产品行业属性。**R16** 产品局部分析越到位，设计创新越精确。

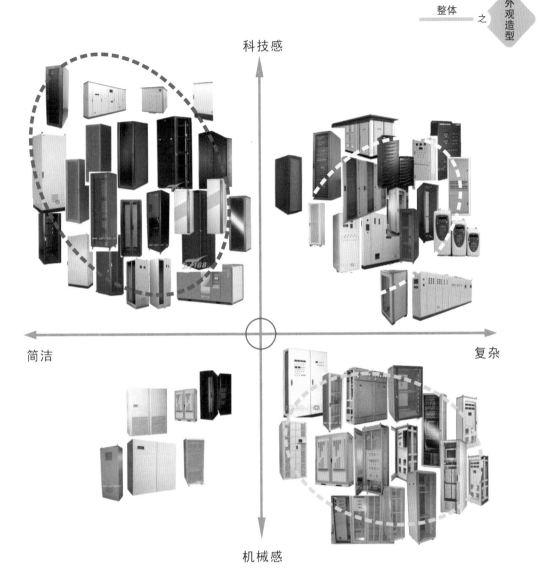

科技感

简洁 —————————————— 复杂

机械感

电力机柜的设计中，分散单体的设计仍然占据着主要的位置，究其原因主要是小的占地面积使机柜更方便放置，灵活多变的组合方式使其能够按照使用者自身的实际需要进行组合搭配，使其功效达到最大化。简洁的表面使机柜显得大方整齐是其中的一个发展方向。同时，机柜操作界面丰富的人机设计，让使用更加简洁舒适也是一个发展方向。

外观造型 之 顶盖

倒角型

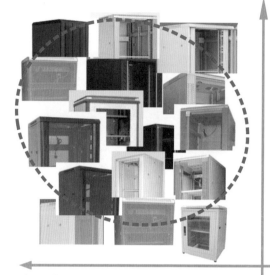

拆分式 ————————————————— 一体式

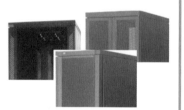

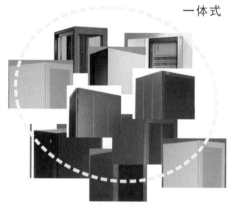

直棱型

> 　顶盖的作用一般是通风遮尘，所以顶盖上通常设计有散热孔、风扇等，还有的为了便于搬运在顶部安装了吊环。顶盖的外形多以直角常见，加工起来方便。切角比较流行，打破直角，加工也方便，而圆角少见。

R3 设计调研的深度决定了设计定位的高度。**R5** 选择一项合理的分析工具，能使设计分析事半功倍。**R6** 了解竞争对手与同行产品才能达到知己知彼，设计创新。**R8** 行业品牌区间的分析，帮助设计师理解产品行业属性。**R16** 产品局部分析越到位，设计创新越精确。

控制面板 之 外观造型

UPS 面板	
EPS 面板	
其他 面板	

　　控制面板的设计主要包括显示装置和操纵装置的选择、布局及其整体配合设计，还有控制面板的整体布局设计。运用人机工程学原理设计出合理的控制面板，既可以为操作者创造出舒适宜人的操作环境，又可以从客观条件上减少失误率，从而提高整个机器的工作效率。

外观造型 之 散热孔

分布位置	图片
底部	
顶部	
侧面	
背面	
正面	

机身散热孔大部分分布在机身的侧面及后面，少数分布在机身正面。正面、背面、侧面的散热孔以横条或竖条形居多。散热孔有规则的几何排列，也有按流动的圆弧外形排列，形态多样，都给整体增加活泼的动感，打破重复无序的繁琐感。此外，散热孔也有圆形，多应用于顶部与底部。

1 2 3 4 5 6 7

R3 设计调研的深度决定了设计定位的高度。R5 选择一项合理的分析工具，能使设计分析事半功倍。R6 了解竞争对手与同行产品才能达到知己知彼，设计创新。R8 行业品牌区间的分析，帮助设计师理解产品行业属性。R16 产品局部分析越到位，设计创新越精确。

曲线排布

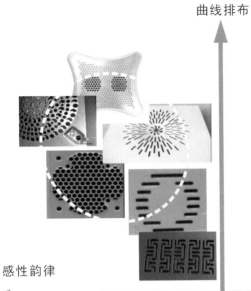

感性韵律

理性韵律

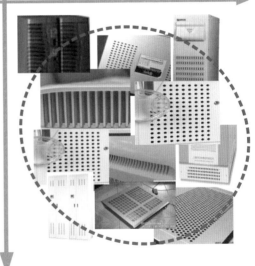

直线排布

机柜散热孔主流设计语意：理性韵律、简洁、功能至上。可行性发展趋势：节奏感、曲线造型的适当引入，理性向感性的适当过渡。

外观造型 之 色彩分析

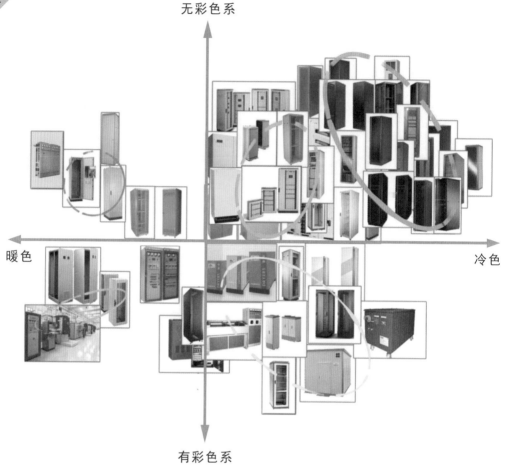

无彩色系

暖色

冷色

有彩色系

机械类产品是操作性很强的一类产品，使用时如不小心，容易造成事故，直接危害操作者的人身安全。因而，刺激性较强和容易使人兴奋与烦躁的暖色在这一类产品上运用得不多，除非它们有特殊的装饰或警示作用。所以，机电产品大都采用安静的冷色和灰色（一般冷色多为蓝绿色），以达到使人静心的目的。

色彩在机柜上的运用主要有两方面的用途：
1. 功能作用；2. 纯装饰作用。

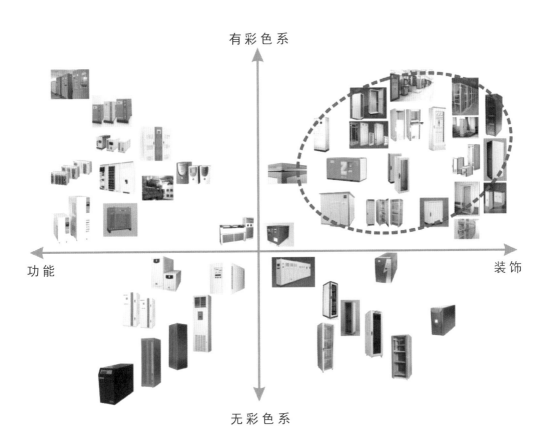

外观造型 之 底座

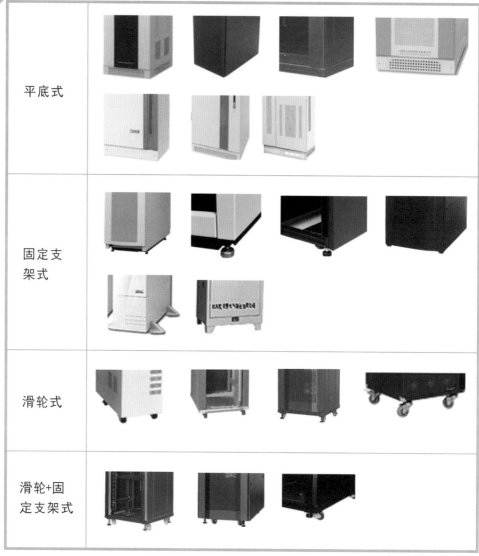

平底式	
固定支架式	
滑轮式	
滑轮+固定支架式	

　　机柜形体的大小及功能特点决定它底座的固定形式。需要移动的机柜大多安装滚轮，很少移动的机柜大多使用不易翻倒的固定底座。现有底座中传统的平底式底座较多，滑轮＋固定支架式底座因满足机柜稳固与灵活移动的双重需要而成为一种新的设计趋势。

❶❷❸❹❺❻❼

R3 设计调研的深度决定了设计定位的高度。**R5** 选择一项合理的分析工具，能使设计分析事半功倍。**R6** 了解竞争对手与同行产品才能达到知己知彼，设计创新。**R8** 行业品牌区间的分析，帮助设计师理解产品行业属性。**R16** 产品局部分析越到位，设计创新越精确。

轻巧型

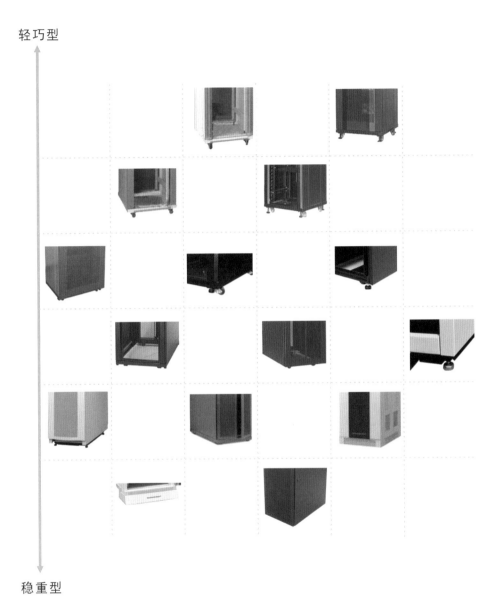

稳重型

　　底座的大小、轻重会直接影响到机柜的整体感，轻巧型的底座会使人产生一种青春活力的感觉，而体积大的底座有一种稳重感，能让人感觉到安全、可靠。对于电力机柜这种工业产品，稳重型的底座更能体现机柜的理性。

人机分析 之 仪表及把手高度

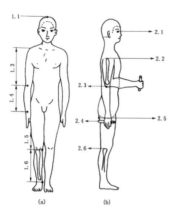

(a)　(b)

仪表高度最好与眼高相平，从147.4（第5个百分位数）~166.4cm（第95个百分位数）这样一个范围都将适合中间的90%的男性使用者，考虑到第5个百分位的女性眼高较低，则这个范围应为137.1~166.4cm，才能对男女使用者都适用。由于仪表最好放置在上下视线10°~45°范围内，且加上鞋的高度，仪表高度参考尺寸可在140~170cm之间。最好是150~160cm。

数据 项目	年龄分组 百分位数/%	男（18~60岁）							女（18~55岁）						
		1	5	10	50	90	95	99	1	5	10	50	90	95	99
1.1 身高/mm		1543	1583	1604	1678	1754	1775	1814	1449	1484	1503	1570	1640	1559	1697
1.2 体重/kg		44	48	50	59	70	75	83	39	42	44	52	63	66	71
1.3 上臂长/mm		279	289	294	313	333	338	349	252	262	267	284	303	302	319
1.4 前臂长/mm		206	216	220	237	253	258	268	185	193	198	213	229	234	242
1.5 大腿长/mm		413	428	436	465	496	505	523	387	402	414	438	467	476	494
1.6 小腿长/mm		324	338	344	369	396	403	419	300	313	319	344	370	375	390
2.1 眼高/mm		1436	1474	1495	1568	1643	1664	1705	1337	1371	1388	1454	1522	1541	1579
2.2 肩高/mm		1244	1281	1299	1367	1435	1455	1494	1166	1195	1211	1271	1333	1350	1385
2.3 肘高/mm		925	954	968	1024	1079	1096	1128	873	899	913	950	1009	1023	1050
2.4 手功能高/mm		656	680	693	741	787	801	828	630	650	662	704	746	757	778
2.5 会阴高/mm		701	728	741	790	840	856	887	648	673	686	732	779	792	819
2.6 胫骨点高/mm		394	409	417	444	479	481	498	363	377	384	410	437	444	459

机柜把手一般设置在最省力的位置上，即能发出最大操作力的位置。右图中展示的是成年男子直立时的最佳作业点尺寸，在此范围内主要依据把手与机柜的搭配，按照用力时的力矩最小原则，一般靠面板边缘。超过此范围的，在上面的尽量靠下，下面的尽量靠上。如图，把手高度的最佳尺寸在90cm处左右。由于这个尺寸是光脚的，在使用时应加上鞋高，且女子适用的尺寸要低5cm，因此参考尺寸为85~95cm之间。

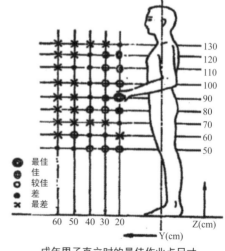

最佳
佳
较佳
差
最差

成年男子直立时的最佳作业点尺寸
（女子在垂直方向低5cm）

仪表排列 之 人机分析

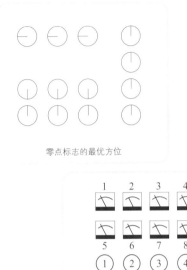

零点标志的最优方位

显示仪表与其调节按钮

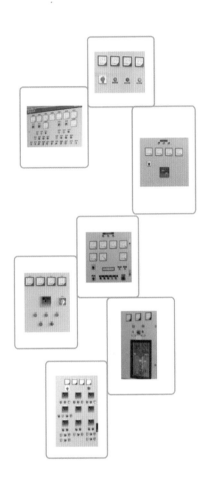

对于眼睛水平运动情况下认读的横向排列仪表，零点方位处于时针9时的位置为佳；对于眼睛垂直运动情况下认读的纵向排列仪表，零点最优方位为时钟12时的位置；对于横向排列成双排时，零点方位可采用相对的方向。

自左至右、自上而下和顺时针方向圆周运动扫视，这是人的视觉习惯。仪表的排列顺序和方向也应遵循这一视觉特性。人眼的观察频率以左上方为最优，其次是右上方、左下方，而以右下方为最差，仪表应按其重要程度和使用频率的要求分别布置在观察频率不同的方位上。

当多个仪表对应多种操作器时，因大多数人均用右手操作，则仪表均应排列在操作器的左面或上面。

人机分析 之 **把手及总结**

手握式把手抓握部分的横截面尺寸以手的虎口尺寸为参照，手抠式以指厚指宽为参照。

把手的长度取决于手掌的宽度。5% 的女性和 95% 的男性掌宽在 71 ~ 97mm 范围内，因此较适合的把手长度是 100 ~ 125mm。

大多数把手具有通用性，但一般还是按照右手设计，在具体设计时，应该关注特殊人群，如左撇子式。

机柜把手尺寸参考

把手长度：100 ~ 125mm。

把手宽度：手的虎口尺寸（手握式）、指厚指宽（手抠式）。

把手高度：85 ~ 95cm。

机柜仪表尺寸参考

仪表高度：150 ~ 160cm。

仪表最佳视距：50 ~ 55cm。

仪表最佳视区：视野中心 3° 范围内。

仪表排列：按重要性以左上方、右上方、左下方、右下方顺序进行排列。

站立操作作业范围

手最大可触及范围：半径为 720mm 左右的圆弧。

手最大可抓取范围：半径为 600mm 左右的圆弧。

手最舒适抓取范围：半径为 300mm 左右的圆弧。

机柜材料的性能要求

1. 耐高低温（在潮热环境中无气泡、不开胶）；
2. 耐腐蚀、高强度、高屏效。

机柜的材料选用

机柜的材料与机柜的性能有密切的关系，机柜材料主要有铝型材料和冷轧钢板两种，视窗采用钢化玻璃材料。

| 冷轧钢板 | 和热轧钢板比较，冷轧钢板厚度更加精确，且表面光滑、漂亮，同时还具有各种优越的力学性能，特别是更便于加工。冷轧钢板制造的机柜具有强度高、承重量大的特点。 |

| 铝型材料 | 铝型材料制造的机柜比较轻便，适合堆放轻型器材，且价格相对便宜。 |

| 钢化玻璃 | 钢化玻璃具有抗冲击能力高（比普通平板玻璃高 4～5 倍）、抗弯能力高（比普通平板玻璃高 5 倍）、热稳定性好以及光洁、透明、可切割等特点。在遇超强冲击破坏时，碎片呈分散细小颗粒状，无尖锐棱角。 |

表面处理说明

机柜成型后的表面处理分为四个步骤：
1. 酸洗：将毛坯放入酸洗池中去油；
2. 磷化：酸洗后的毛坯再进行磷化；
3. 喷塑：将经过酸洗磷化晾干后的毛坯进行喷塑；
4. 高温烘烤：将喷好的成品放入高温炉中烤至 180℃后出炉。

加工流程说明（数控流水线加工）

剪料→冲角→折弯→打磨→毛坯组装→喷塑→成品组装。

外观造型 之 first stage

R16 产品局部分析越到位，设计创新越精确。

#2机灭磁屏

LOGO

设计分析

　　面板分割中"动"的元素太多，画面太过活跃，把手位置偏高，不太符合人机操作，同时机柜底座的处理，使得机柜没有稳定感；另外，有的方案中的色块分割采用的曲线元素过多，造成机柜不够硬朗，同时倒圆角也过大，不利于表现工业产品的理性特征。

设计总结

1. 外观风格总结

在设计中主要采用两种设计风格：A.横向色块或线条分割；B.纵向色块或线条分割。总体追求单柜的协调与并柜时的统一感与秩序感。

2. 整体造型总结

维持原有机柜直线、理性的风格，稍加曲线、感性的细节处理以打破过于理性的氛围。

3. 细节造型总结

把手：采用整体形态统一的拉开式把手或是整体形态统一的旋式把手。

底座：采用厚实型的深色底座，以增加视觉稳重感。

机顶：保持原有机顶造型，对机顶字体和字的大小比例进行设计。

标志：根据前面板总体布局情况设计标志大小、工艺及位置。

散热孔：针对机柜整体造型，采用横向排布的散热孔，亦可采用能防灰尘的散热孔。

操作面板：操作界面的排布应根据面板的整体分割（色块分割与线条分割）来具体分析。

4. 色彩总结

整体采用冷灰色色系为主，辅以容易使人心情平静的浅蓝色或浅绿色。

5. 材料与工艺总结

机柜面板采用钢板弯折的加工工艺，在设计中我们没有采用曲面过多或曲面过于复杂的面板，而是采用平板或折板。主体材料采用冷轧钢板，视窗采用钢化玻璃。

由分

得

1. 外观风格定位：力求简洁、协调，力求体现机体的秩序感和统一性，突出企业的产品形象；形成企业产品独特个性和风格特征。

2. 整体造型定位：以硬朗的直线造型为主，符合机柜严谨的特点，同时力求给人以安全感、可靠感。

3. 细节造型定位：把手、底座、散热孔等细部的设计力求在充分实现功能的基础上与设备整体形象相统一、协调；重视操作过程中的人机交互分析。

4. 控制面板定位：从显示装置和操纵装置的选择、布局及其整体配合等角度进行设计，尽量为操作者创造舒适宜人的操作环境，又从客观条件上减少操作失误率。

5. 色彩定位：避免使用大面积使人兴奋与烦躁的暖色，而采用安静的冷色，在边框、顶盖等局部细节上适当采用暖色，使设备外观更加亲切；整体力求淡雅谐调。

6. 材料定位：针对设备的工作环境特点，设备主体采用高强度、承重量大的冷轧钢板，视窗采用抗冲击强度高、热稳定性好的钢化玻璃材料。

7. 性能定位：保证设备能正常安装、调试，拆装方便，使客户能简易使用，操作符合人机要求。

8. 成本定位：维持原设备制作成本或稍加提高。

外观造型 之 second stage

R17 设计展示是设计师与客户之间沟通的桥梁。

设计说明

优点：面板的功能区域划分很明显，色块的分割与面板布置很协调，在并柜时亦会有秩序感，散热孔的样式、位置摆放与整体很协调。

不足：指示灯与仪表位置摆放不太协调，面板分割亦比较凌乱。

外观造型 之 third stage

设计说明

1. 色块分割采用竖向灰色系色块分割面板。

2. 仪表与指示灯的摆放与色彩分割结合在一起，面板显得简洁大方。

R17 设计展示是设计师与客户之间沟通的桥梁。

🔷 设计说明

1. 面板中的色块分割、散热孔均采用竖向放置，有统一感。
2. 弯折的边框给面板带来一定的空间感。

外观造型 之 forth stage

R17 设计展示是设计师与客户之间沟通的桥梁。

设计说明

上图：

整体面板采用竖向结构，体现机柜高大的特性；同时，将弧形散热孔分布在机柜底部的两侧。

下图：

采用"回"型色条将面板进行分割，使得散热孔与整体面板呼应。同时将仪表放置在横向的灰色塑料件上，使面板变得简洁、紧凑。

外观造型 — 方案
效果展示

设计说明

该方案以纵向排布为主要构架，将机柜表面的仪表、指示灯、开关等部件进行了适当调整，使面板排布秩序化，增强视觉识别性。

色彩以浅灰色为主体色调，辅以深灰色块以活跃面板整体的视觉感受。

设计说明

　　该方案通过简洁的纵向色块对前面板进行分割，又通过材料表面肌理的质感对比，明确操作区域，并加强了机柜的整体美感。

　　色彩以冷色系为主，通过鲜明的对比来增强机柜的视觉效果（注，浅绿色有利于调整视觉平衡，减少视觉疲劳）。

外观造型 ≡ 方案
效果展示

● 设计说明

　　该方案通过简单的线条将面板操作区域根据功能进行了合理性划分，有利于功能部件的识别和结构安装。

　　色彩以灰色为主，辅以浅绿色，以调节整体的视觉感受。

方案
效果展示

四

外观造型

● 设计说明

该方案使用简单大方的纵立面将整块面板进行分割，结合下方分散在两边的散热槽，纵横交错，长线与短线的共存，带来很强的机械美感。

主箱体采用磨砂金属，配合中间纵立面的高亮抛光面，产生强烈的材质对比，具有很好的视觉效果。

外观造型 之 系列化设计

R17 设计展示是设计师与客户之间沟通的桥梁。

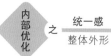

内部优化 之 统一感 整体外形

ipod(2001)　　ipod(2002)　　ipod(2003)　　ipod(2004)　　ipod(2005)

ipod 品牌 MP3 从 2001 到 2005 版的这几款之间就有很强的统一感，首先它们都是采用了方形外形，虽然边缘倒角有大小变化，但整体感很强。

在产品整体风格的设计中，统一感是大多数品牌都追求的风格特征。例如在系列化产品中众多不同的单体造型之间有一些变化，但是又具有相同的或相通的元素，而这些元素就足以形成系列产品的统一性。

上图所示，系列产品在外形上和色彩上统一感不够，如在色彩上，前面板有白色的，也有白色加浅蓝色装饰条；在造型上，也没有统一的元素，公司标志也没有，是不好的设计。

统一感 之 内部优化
细部造型

这两款MP3的按键将圆环分割四部分，每款圆环大小不一，但都是播放按钮

这两款MP3的按键都采用在小圆环上进行分割，按键安放在分割的小部件中

这两款MP3的按键安放在平面圆环中，没有凹凸处理，使产品显得清纯、淡雅

在产品的统一性风格设计中，单体产品造型的细节处理更能有助于体现统一感。例如，在ipod设计风格中，虽每款按钮造型有所差异，但都是采用圆环按键，中间都有圆环造型。这就是"统一中有变化，变化中有统一"的设计手法。

电力机柜产品的细节设计显得有些琐碎，缺少统一感。如右图，电线的乱堆乱放给人一种凌乱的感觉，且色彩的搭配没有体现统一感。

1 **2** 3 4 5 6 7

内部优化 之 秩序感
色彩运用

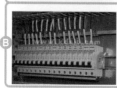

运用色彩平衡

没有运用色彩平衡

　　运用色彩平衡原理进行配色处理能很好地划分面板的功能区，能体现机柜内部结构的秩序感，例如A与C图中的零件排放、线路的布置都是采用蓝色与橙黄色进行色彩平衡，B与C则是采用红色与绿色进行互补搭配，这样整个版面既有必须的警示色——黄色，又能使整体的颜色很有秩序感；相反，像D图与E图没有运用色彩平衡去处理面板的色彩问题，结果导致整个面板的色彩失去和谐感，从而导致整个内部面板的排布也没有秩序感。

　　在机身内部的面板设计中，需要有秩序感很强的色彩搭配。要使面板中的众多线路、零部件能很好地展示出和谐的感觉，首先就必须有和谐的色彩搭配。其中，平衡与秩序是色彩和谐的主要原则。

　　如右图所示的机身内部面板设计，其色彩的秩序感缺乏，给人一种非常凌乱的视觉感受，特别是机身内部面板的电线的色彩运用，也失去了和谐感。

现有产品

秩序感 之 内部优化
面板排布

Ⓐ

Ⓑ

Ⓒ

Ⓓ

Ⓔ

Ⓕ

　　图 E 中采用布局绝对左右对称的方式，极度左右对称的对称美使得此机柜的内部排布有很强的秩序感；图 F 则是采用横向排布，将机柜内部分成等体积的几层，每层的大体布局采用相似的排布，使面板在繁多的线路中多了一份层次感、秩序感。

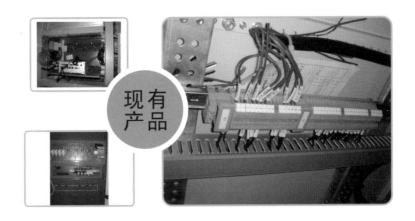
现有产品

　　如上图所示的面板排布，首先是电线的排布较为凌乱，其次为面板的区域划分随意，如横向排布及零件安放，把不同型号与不同规格的零件放在一起，产生凌乱的感觉。

①②③④⑤⑥⑦

内部优化 之 **整体规划**

分割

分割形式以结构需要为主，各部分组合显得零碎、关联性较少，缺少整体性与明确的功能识别性，操作性不强，易造成误操作。

应进行功能模块划分，并提供相应的模块指示，增强分割的逻辑性。

比例

比例关系以零部件加工模数为主，但模数倍数并不固定，造成各部分比例关系不明确，从而整体规划不协调。

应固定模数倍数，形成重复或渐变数列。

色调

色调以灰为主，银色过于突兀，零部件色彩未形成明显区分，反而加强了整体的灰度，降低了纯度，缺乏鲜艳色块的视觉调节。

调节银色与灰色的强对比，对零部件小色块进行统一规划，形成色彩系列。

布置

零部件布置整体感不足，插槽、开孔、指示、螺钉、按钮以及封闭形式都不够统一，缺少相通元素来增强协调性，秩序感不强，而且缺少必要的指示内容或图示，显示器与键盘和指示灯、开关的布置容易造成误操作，而且与人机尺度不符。

应对继电器插槽、开孔进行整体规划，使样式统一，键盘、显示与指示面板进行整合，调整位置；封闭面板、螺钉样式及排布形式应重新调整；增加功能指示区域。

120

R9 使用对象与销售渠道的分析，使设计师直观理解产品的使用对象。**R10** 与客户确定设计要点，可使宏观设计概念微观化。**R16** 产品局部分析越到位，设计创新越精确。

整体规划 之 内部优化

纵横关系

纵横关系处理过于随意，缺少比例、线形、色彩、细节、位置上的协调，大面积纵横关系死板而且无变化，显得单调而沉闷。

增加细节内容，如线条、色块指示或分割；调整位置和边角过渡。

前后进深

前后进深参差不齐，尤其是前表面零部件有凸起，影响整体感和秩序化排布。

应调整前表面零部件进深，力求形成统一的平面，可以将突出零部件缩进，或统一提升前面板；或通过色彩调整视觉进深。

主次关系

主次关系不够明确，主次位置设置不清晰，方式不合理，主体部分不够突出，且无标识，识别性不强，次要部分位置和形式不够统一。

应增加主体部分的功能识别，调整次要部分的位置和形式。

虚实关系

虚实关系不清晰，表面零部件为实体，线条、文字和开孔为虚体，二者层次显得零乱，指示效果不明显；面板留白造成虚体面积过大，而实体相对体量过小，如指示灯和开关等。

应增强虚实对比效果，增加虚体线条、块面的排布秩序感，调整实体的位置和大小，可调整间距、比例和色彩增强体量感。可改变虚体和实体的形式，将虚体采用实体来表现，如标签样式等。

内部优化 之 **整体规划**

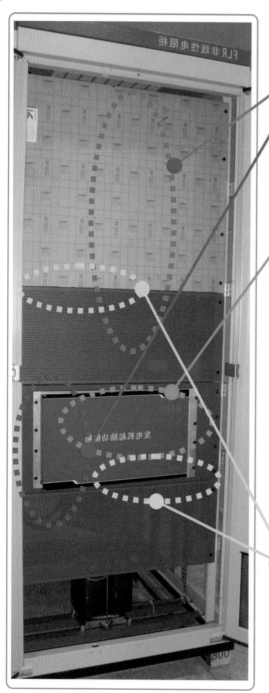

质感对比

同一面板材料应用过多，肌理反差太大，质感区分度过高，缺少主次层次，如亚克力板、冲孔板、钢板和纤维板都应用在一个面板上。

应尽量减少材料种类，一种或两种为宜；压克力板质感过于突出，可通过贴膜将光滑度降低，钝化表面质感，冲孔板密度和孔的样式可调节表面肌理，减少纤维板应用。

文字标识

文字大小、字体及排列位置和形式过于随意，缺少相通的元素，作为提示和指示性内容不够系统，有拼凑感；公司标识样式、色彩、位置及大小应具有冲击力，并体现公司的形象，不能随意设置，应与企业形象识别保持一致。

应统一规划面板文字内容、字体、色彩及排列位置，可增加相应的图示、框图和背景色块来增强统一性和整体感，字体大小以配合零部件体量为标准。标识应进行统一规划。

结构工艺

各种加工工艺不够精致，边角过渡尤为粗糙，镀锌板、螺钉安装缺乏技术感和精密度，亚克力板、纤维板的裁切和边线光滑度不高，卡线槽裁切后连接紧密度较低等。

应提高装配精度和各部分工艺精密度，亚克力板边缘应圆滑处理，尽量减少纤维板、镀锌板使用，卡线槽的边角裁切尽量减少毛刺，力求光滑。

R9 使用对象与销售渠道的分析，使设计师直观理解产品的使用对象。**R10** 与客户确定设计要点，可使宏观设计概念微观化。
R16 产品局部分析越到位，设计创新越精确。

连接

连接不够紧密，间隙过于随意，螺钉连接过于密集，不同部件趋向机械式，未做整体性规划，基本上是销孔穿插，零部件之间缺少必要的关联性衔接。

应使零部件连接紧凑合理，通过线条、色块增强各部分连接的关联性，降低连接的机械感，增加人性化连接和艺术化的视觉效果。

统一性

面板统一性较差，不同机柜仅在主体材料上一致，而块面分割、材料应用、线框比例、色彩应用等都缺少相通的元素和符号化的内容，因此整体凌乱而繁杂，即使专业人员也对面板无从下手。

统一性要求元素相通、功能划分、比例协调以及符号化某些零部件，如色块、指示、字体等，模数化的应用、固定的零部件位置尤为关键，应改善并增加附加细节的协调功能。

秩序性

内部排布缺乏秩序感，零部件种类多，结构密集而多样，空间利用与规划不合理等都使得机柜内部纷繁复杂，如线的色彩和安插过于随意，调节装置摆放位置不合人机关系等，尤其在面板材料和色彩分割上，使得整体缺少必要的重复或渐变的秩序感，几何化和数学化的关系不明显。

应整体规划电线的安装和卷曲，采用几何化和数学化的排布样式，材料和色彩应用力求一致，比例分割模数化，增加线条和装饰色块调整面板的块面分割。

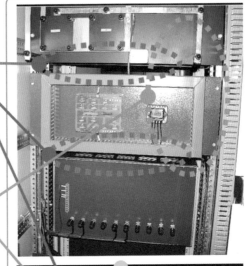

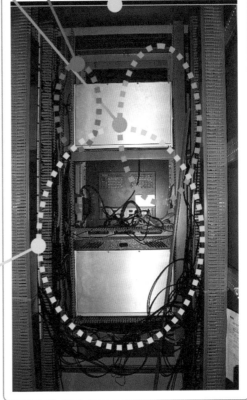

内部优化 之 **整体规划**

整体感

面板分割、排布、搭配过于零散，随意性较大，购件选用不能与机柜整体样式协调，机柜面板延续了零部件的本来样式，未能根据整体规划作出相应的调整和布局，只是简单的装配或组装。功能部件以最初的状态插在一个平面上，外露或封闭、突出或掩饰、连续或间断等都未进行整体规划，如边缘的对齐效果、内部横向的分割比例、相同部件的排布疏密、间隙的处理手法等；整体感强调的不只是大效果和大框架，通常细节的和谐与否直接决定着整体感。线包、铜牌、刀闸、开关及继电器等部件的表面色彩、文字指示等都对整体感的形成产生影响。材料搭配和色彩一致也同样有利于整体感的形成，但对比或反差过大，则会破坏整体效果。

应对零部件的表面色彩、指示文字作统一规划，间距、分割及对齐方式作整体调整，避免过于杂乱的视觉效果，力求简洁、纯粹；边缘的对齐力求一致，避免外边框松散而间断，缺少连贯性的围合；材料的应用力求协调，色彩和质感上尽量相近，装饰线条不能过于突出，避免喧宾夺主；文字排布采取统一的形式，避免拼凑式的应用；增加必要的指示符号和警示标志；调整装配精度，螺钉的间距及大小做相应的调整，可以考虑使用沉头螺钉；避免内部元件外露，面板力求成一平面，封闭内部箱体，必要的时候可以增加可打开的封盖，但表面尽量封闭完整。零部件色彩可局部采用鲜亮明快色彩，面板整体色彩宜采用一致性的灰度色彩，明度和纯度都应相对较低。

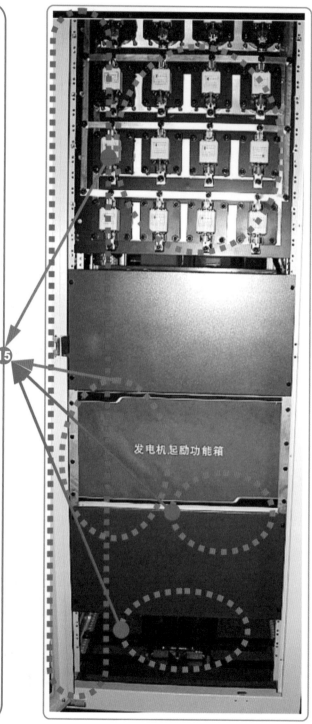

发电机起励功能箱

R9 使用对象与销售渠道的分析，使设计师直观理解产品的使用对象。**R10** 与客户确定设计要点，可使宏观设计概念微观化。
R16 产品局部分析越到位，设计创新越精确。

细部 之 内部优化

线头指示

较大零部件，如线头、线夹，指示标签不明显且杂乱，多为胶粘贴条，过于随意和粗糙，手工痕迹较重。

应对标签样式、色彩及位置重新设计，使之能够突出主体并能做出区分，方便操作人员视觉识别。可增加色块和数字标识，可采用丝网印刷或喷绘。

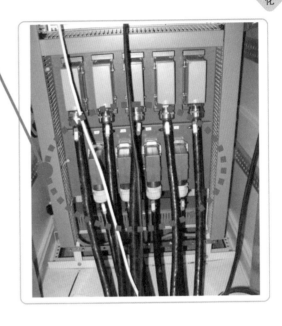

继电器

继电器呈横向排布，横向线条感较强，但分割比例不等，对齐方式不同，上部为左对齐，下部为居中对齐；白色标签相对独立而突出，与背景色对比过于强烈，且间距不等；局部镂空或外露相对较零乱，尤其是右侧参差不齐，缺乏秩序感。

应调整对齐方式，指示标签间距、大小、文字及色彩应统一规划，继电器表面可作色彩贴面处理，去掉镂空部分，空白的端子用类似部件补齐，使左端和右端都保持对齐。

内部优化 之 ———细部———

指示灯

　　指示灯布置在柜体的侧面，机柜的背面有高压电流，不利于操作者观察，而且装置方式过于随意，高度、背板、装配方式、显示效果、标签等都未细致考虑。

　　应将其排布在背侧面板上，并对应人站立时的最佳高度和视角，以利于观察和操作；增加标签指示、背板色彩及材料与整体进行协调。

3

4　刀闸和铜牌

　　裸露在外的刀闸开关有高压电流，容易造成操作事故，且大尺度的铜牌和刀闸外表粗悍且有危险感，机械化味道过浓，人性化缺失，降低了机柜的技术感和先进感。

　　应将非操作部位封闭或半封闭，留出控制把手，并在醒目处设置警示危险的标识及图示操作步骤和规程，减少误操作的机率，并增加机柜的人性化程度，提高机柜的科技感和整体感。

R9 使用对象与销售渠道的分析，使设计师直观理解产品的使用对象。**R10** 与客户确定设计要点，可使宏观设计概念微观化。
R16 产品局部分析越到位，设计创新越精确。

细部 之 内部优化

电源

电源装配空间较杂乱，空间分布不合理，空余部位应封闭，避免外露内部结构；电源装配和操作应有相应的图式指示和明确的警示符号；电源封闭后，面板上可通过线框或电路图进行示意，并将其位置标出，从而可以增加面板的科技感，也避免了电源外露造成的杂乱感；空余空间可作适当填充，如镂空板间隔。

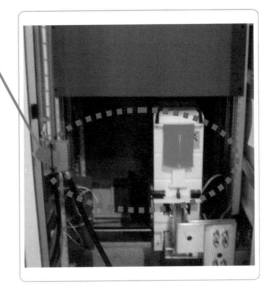

刀闸和铜牌

风机裸露是出于性能上的需要，但外露的风机破坏了面板的整体性和技术感，上端控制部件的随意排布和亚克力封闭更让整机充满拼凑感，杂乱而无秩序，风机、电闸等部件缺少系列化元素，几乎是原件的堆积组合，缺少系统性。

对风机进行封闭或半封闭，可采用排风孔、冲孔板等，上部操作部件内缩，亚克力板重新贴膜处理，增强整体相通元素；风机封闭面板可采用线条或图示标出风机位置。

内部优化 之 细部

⑦

线板和稳压器

　　线板样式为家用插座，不能与机柜零部件造型统一，而且摆放位置和装配方式过于随意，未对操作方式和安全性进行考虑；稳压器的设置也外露，具体位置安排随意性也较大，应对其周围空间的分配进行分析，并增加适当的围合或封闭部件，必要的位置贴标签指示其基本性能。

　　线板、排插及电源插座等应尽量在色彩上与机柜整体一致，造型上最好选择稳重、简洁的工业排插，外观应力求牢固、结实与耐久；其装配方式应稳固且适当封闭，避免触碰时出现松动甚至脱落现象，并增加必要的标签指示。

⑧

线夹

　　机柜内部的布线较多，卷线、排线缺乏秩序感，显得零乱而复杂，电线的色彩、指示都不够完善，操作人员不能迅速区分；线夹的形式应进行适当的调整，并在样式、色彩上做出区分，必要地增加标签指示。

　　线夹的样式、色彩及标签可以帮助操作人员快速做出判断，并且可以增强内部排线的秩序感和规整感；电线应选择适当的长度，避免不必要的盘卷，并尽量在机柜内壁上走线，适当围合封闭，在封闭处用线条或标签进行指示。

①②③④⑤⑥⑦

R9 使用对象与销售渠道的分析，使设计师直观理解产品的使用对象。**R10** 与客户确定设计要点，可使宏观设计概念微观化。**R16** 产品局部分析越到位，设计创新越精确。

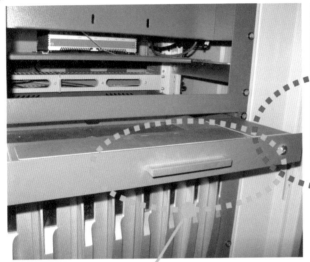

工控机开关

⑨
把手

　　面板上需要开合的部件需要安装把手，但把手样式应简洁易操作，并不影响面板整体样式，如键盘处把手为凸出形式影响了面板的平面，可改为内凹或增加弹出装置，在把手位置增加企业标志或键盘、鼠标图示进行指示，应力求精致而明显，方便识别和操作。

　　此外，其他开合部分应增加相应的开闭操作指示，包括开闭步骤、方向等；把手的样式尽量统一，但根据开闭的部位不同可选择不同的把手式样，部分简单的开闭装置可以通过单指或双指进行操作；标签可采用丝网印刷或写真喷绘。

⑩
锁

　　锁的形式力求简洁，不需要过分突出，可增加必要的标签或图示，并用线形或色块标出位置即可，机柜内锁的钥匙如不需维修人员和管理人员保管，可在机柜内设置钥匙存储装置，以方便取放；锁的位置应与整体部件相协调，并且易于操作和识别；如无必要时，可通过卡件保持固定。

内部优化 之 细部

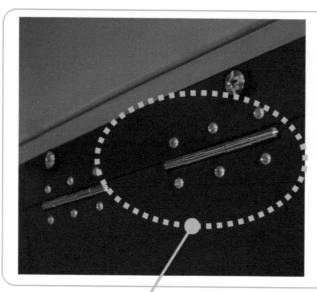

⑪

螺钉

面板上螺钉排布过于密集，型号不一而且部分相对较大，色彩与面板主体色彩不协调，如图所为合页的螺钉安装方式对面板美感影响较大。面板的装配形式以螺钉为主，因此需对各式螺钉进行综合考虑，尽量避免螺钉密集排列、裸露且色彩突出。

可选择沉头螺钉或梯头螺钉，型号根据需要尽量短小，色彩以黑色为主，避免银灰色或电镀色造成整体过分突出，排布方式可适当调整或整合，不宜过度密集；此外方便拆卸也应考虑，部分需要维修或拆卸的螺钉可采用塑料螺钉或特殊螺钉。

⑫

卡线槽

卡线槽的形式比较单一，裁切和组装较粗糙，不够细致，尤其是边角部分，毛刺和参差不齐的边缘让人感觉质量低下，性能不佳。应根据实际情况选择相应的卡线方式，如软管等。

卡线槽的排布仅限于直线排布，应根据实际情况选择型号和样式，必要时应在卡线槽表面贴上电线的相应标签以及具体的线路图示，以方便识别和维护检修。

①②③④⑤⑥⑦

130 **R9** 使用对象与销售渠道的分析，使设计师直观理解产品的使用对象。**R10** 与客户确定设计要点，可使宏观设计概念微观化。
R16 产品局部分析越到位，设计创新越精确。

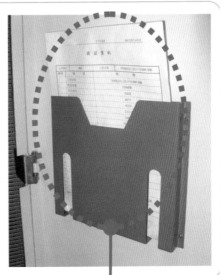

⑬ 标志与指示符号

标志色彩及形式应在各面板进行统一规划，不宜在面板局部材质上进行安插，公司名称也应符合 CI 标准，其形象应鲜明突出而且与面板整体协调。指示符号或警示符号不应占据面板主体，或者影响主体色彩和规划，应在必要的位置设置相应形式和内容的标签，而标签的样式应在各面板上统一应用，警示符号和国家标准符号只是规定了符号本身的样式，而具体的标签形式应重新进行规划，如图所示警示符号过于突出，文字内容传达不清，应增加必要的文字说明，包括内部设施的基本性能等。

⑭ 说明书与图示

说明书放置位置固定，但需要维修人员逐项检查，过程较复杂，应在一些关键位置或经常操作的部件上设置相应的操作图示或警告图示，包括操作步骤和规程，以及具体的操作形式和限制内容等，这一方面增强机器的人性化程度，另一方面可减少操作人员的误操作。图示形式和内容应进行统一规划，采用共同的样式和标贴方式，可以增强整机的秩序感和技术感。说明图示应文字与图形结合，易明快而色彩突出，文字简练而准确。

内部优化 之 色彩

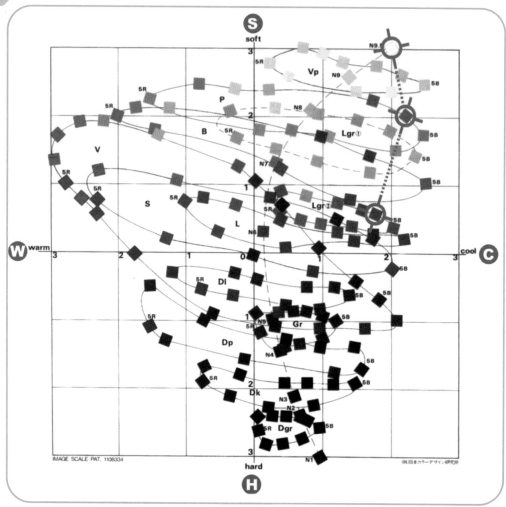

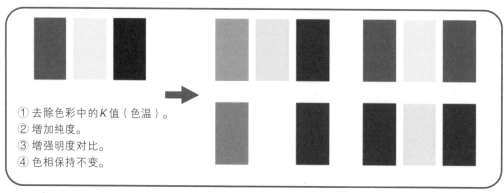

① 去除色彩中的K值（色温）。
② 增加纯度。
③ 增强明度对比。
④ 色相保持不变。

R5 选择一项合理的分析工具，能使设计分析事半功倍。 **R9** 使用对象与销售渠道的分析，使设计师直观理解产品的使用对象。
R11 产品的属性决定了产品的色彩，色彩是产品与用户之间的心灵沟通。

色彩 —— 之 内部优化

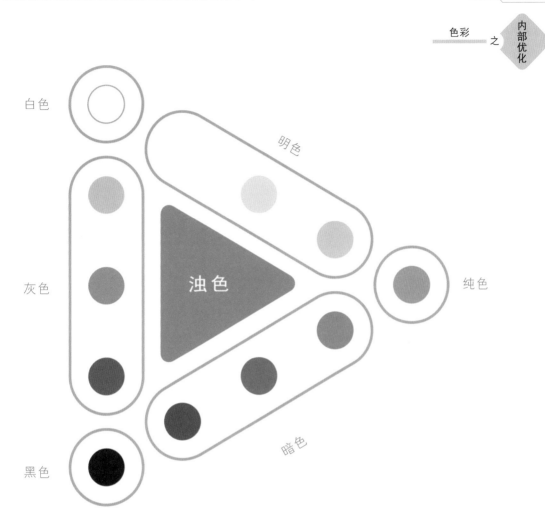

白色

明色

灰色

浊色

纯色

黑色

暗色

目前机柜应用色彩的明度和纯度趋向于近似配色，即在色票中的右上角——软冷色调，该区域色彩配合多适用于家庭居室环境，对于工业环境应增大色彩对比，硬冷色调更适合工业环境；目前机柜中的辅助色彩——蓝绿色与面板色彩——深冷灰明度、纯度近似，因而区分度较小，不宜形成明确的视觉认知，应增加色彩的纯度，将色彩区域调整到明色或暗色区，避免在浊色区域中选色，即配色时使 $K=0$；此外，机柜整体色彩应用应趋向于现代感、硬朗感的配色倾向，即增加冷色和明度对比，避免采用纯色或原色。

内部优化 —— 方案
自动柜正面

1 深灰色的氧化板与周围融为一体不会显得太突兀。

2 17寸的显示屏，外加合适边框，同时注意与上下各部分对齐处理。

3 旋钮全部采用蓝色装饰色，突出公司标志色。

4 键盘放置在显示屏下方，位置离地高度为1150~1200mm，符合中国人1700mm平均身高的站姿人机操作。

5 两端子面板合并，减少螺钉数量，端子上面采用橙色装饰色以打破面板的冷灰色；同时，将端子两边与上下部分中心对齐。

6 继电器面板合并，使得整体面板简洁，内部电线采用冷暖两色间隔处理，以增加视觉效果，同时整体采用中心对齐。

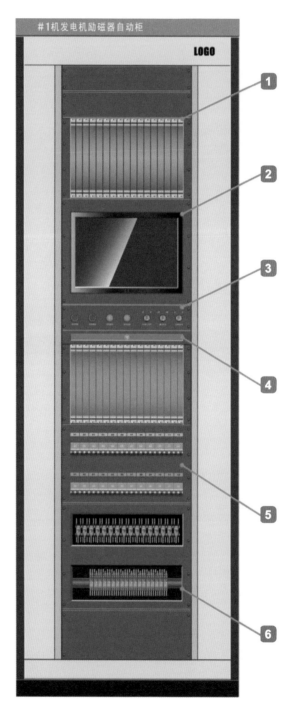

R17 设计展示是设计师与客户之间沟通的桥梁。

方案 **二** 内部优化
自动柜正面

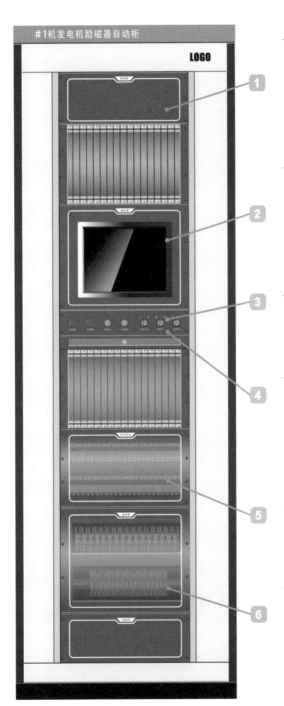

#1机发电机励磁器自动柜

LOGO

1 此处为假面板，采用白色粗实线框选此处，并在框的上方中部用文字标明各层面板的模块名。

2 此处采用15寸的显示屏以配合白色边缘外框，同时使各个层白色框线的宽度相等，这样整体面板就会有统一感。

3 旋钮全部采用蓝色装饰色，突出公司标志色。

4 键盘放置在显示屏下方，位置离地高度为1150～1200mm，符合中国人1700mm平均身高的站姿人机操作。

5 深灰色的氧化板与周围融为一体，不会显色太突兀。

6 端子与继电器层外面采用亚克力板遮挡，使表面整洁，同时将内部端子中心对齐，增加秩序感。

内部优化 — 方案
自动柜反面

1 采用菱形铁丝网挡板遮挡内部不需要操作的部件，同时挡板外形采用斜边角处理，以打破光秃秃面板的呆板感。

2 采用相同边框外形挡板，以增加整体面板的统一感、秩序感。

3 在合适位置贴上危险标志牌起警示作用。

4 电缆柱头上面采用红色与橙色警示色块，用此暖色中和面板的冷色感，同时在色块上与电缆线上标注对应数字处理，起提示和分类的作用。

5 下部挡板可遮挡住机柜内部下方杂乱的电缆线。

6 此处统一贴上公司的名称，起标识与丰富面板的作用。

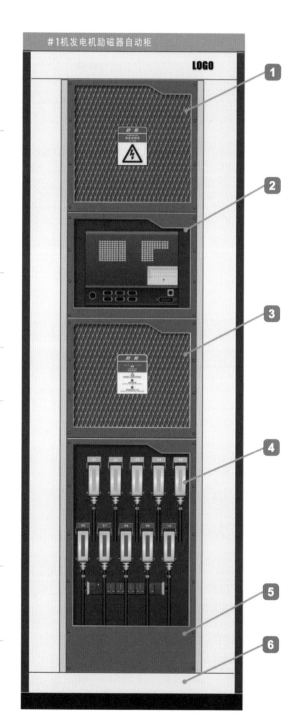

R17 设计展示是设计师与客户之间沟通的桥梁。

方案
自动柜反面 ＝ 内部优化

#1机发电机励磁器自动柜

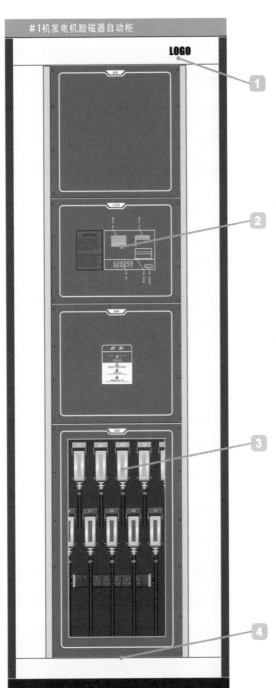

LOGO

1 LOGO 标志统一放在机柜上方右部，颜色用黑色，这样机柜内部就形成由浅灰到深灰再到黑色的渐变，整体视觉效果好。

2 采用简洁线路图标识面板内部零件，同时采用线条标注出必要零部件名称，能体现高科技感，标签起警示作用。

3 电缆柱头上面采用红色与橙色警示色块，用此暖色中和面板的冷色感，同时在色块上与电缆线上标注对应数字处理，起提示和分类的作用。

4 此处统一贴上公司的名称，起标识与丰富面板的作用。

内部优化 — 方案
电阻柜正面

非线性电阻柜

LOGO

1 LOGO 标志统一放在机柜上方右部，颜色用黑色，这样机柜内部就形成由浅灰到深灰再到黑色的渐变，整体视觉效果好。

2 采用菱形铁丝网挡板遮挡内部不需要操作的部件，同时挡板外形采用斜边角处理，以打破光秃秃面板的呆板感。

3 警示标志上写明维修操作所需注意的步骤，警示牌色彩用红色。

4 采用挡板挡住继电器层，中间采用可转动的亚克力板处理。同时亚克力宽度与上方网孔板宽度对齐。

5 控制器排放采用与机柜上下部中心对齐，增加整体统一感，同时边框同样采用斜边角处理，以增加整体秩序感。

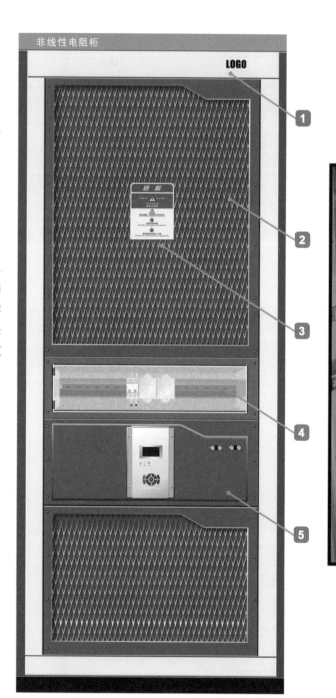

方案 ＝ 内部优化
电阻柜正面

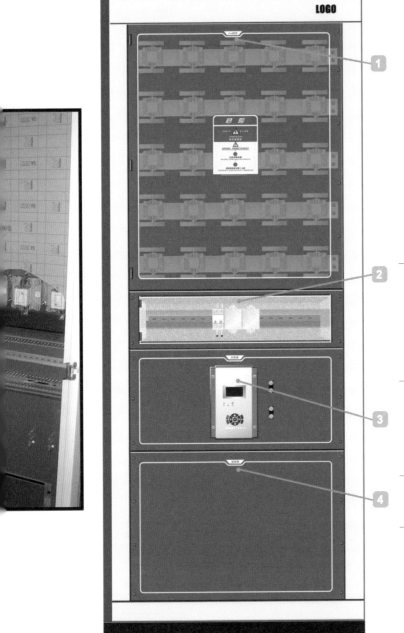

非线性电阻柜

LOGO

① 灰色亚克力面板上印上白色粗实线框，灰白对比，简洁整齐的同时还能体现整体面板的秩序感。

② 继电器层采用面板中间掏空处理，同时加上亚克力面板，并使其宽度与线条宽度相等。

③ 控制器的放置采用中间对齐。

④ 线条上部的白色块上写有各面板的模块名，既能打破单一的线条感，又能起到说明各层内容的作用。

①②③④⑤⑥⑦

内部优化 —— 方案
电阻柜反面

非线性电阻柜

LOGO

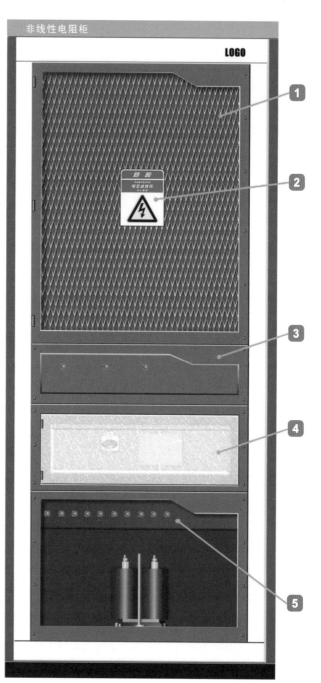

1 采用菱形铁丝网挡板遮挡内部不需要操作的部件，同时挡板外形采用斜边角处理，以打破光秃秃面板的呆板感受。

2 采用铁质警示牌警示操作者，同时铁质警示牌材质与铁丝网很搭配。

3 相同的边框外形能增加整体面板的统一感。

4 采用亚克力挡板遮挡住内部零件，避免杂乱感，将亚克力板与铁丝网宽度对齐统一。

5 内部接线柱的位置采用左放置，以配合面板的外形。

① ② ③ ❹ ⑤ ⑥ ⑦

R17 设计展示是设计师与客户之间沟通的桥梁。

方案 = 内部优化
电阻柜反面

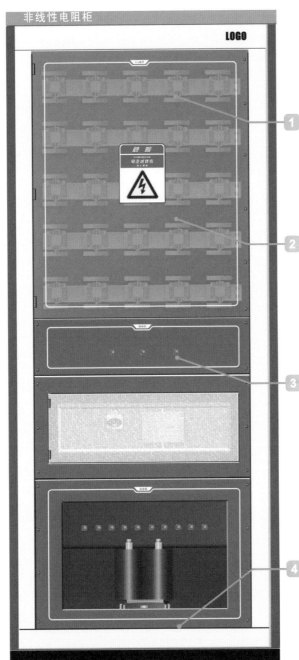

非线性电阻柜

LOGO

1 灰色亚克力面板上印上白色粗实线框，灰白对比，简洁整齐的同时还能体现整体面板的秩序感。

2 此层采用面板中间掏空处理，同时加上亚克力面板覆盖，并使其宽度与线条宽度相等。

3 将放置接线柱的面板宽度加长处理。

4 此处统一贴上公司的名称，起标识与丰富面板的作用。

①②③**④**⑤⑥⑦

内部优化 — 方案
开关柜正面

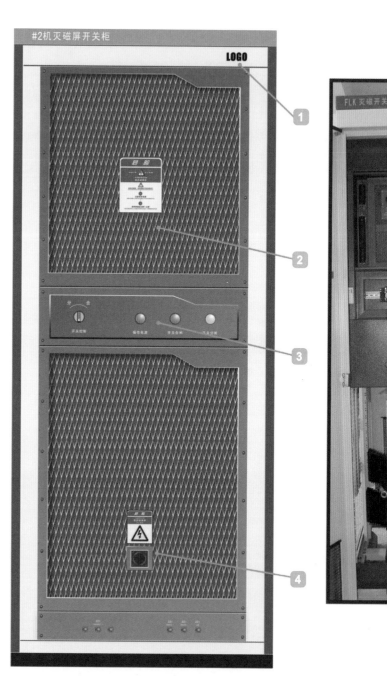

1 在机柜右上方采用黑色的标志，黑色适合整体面板的冷灰色调。

2 采用菱形铁丝网挡板遮挡内部不需要操作的部件，同时挡板外形采用斜边角处理，以打破光秃秃面板的呆板感。

3 此面板可采用边框白线或采用模具冲出一个与上下面板相同的外形以增加面板整体的统一感、秩序感。

4 此处采用铁丝网将灭磁开关整体遮挡处理，只留下需要接线的接线口，同时危险标志能警示操作者。

方案 ＝ 内部优化
开关柜正面

#2机灭磁屏开关柜

LOGO

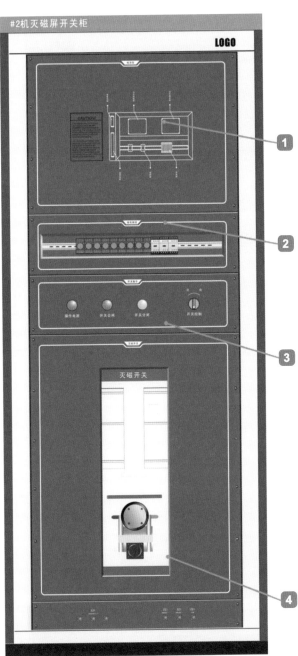

1 采用简洁线路图表示检测层内部零件的结构，用细线条标出主要零部件名称，能体现机柜的科技感，同时，红色指示牌的运用能起到说明、指示的作用。

2 继电器层采用铁板掏空处理，露出继电器同时，将其与周围部件进行中心对齐。

3 白色的线框框选旋钮与指示灯，使原本散乱的操作区变得很整洁。

4 此处采用铁板掏空处理，露出需要操作的灭磁开关，同时在上面涂上三条红色色块，用暖色——红色来打破机柜过于理性、冷酷的设计；同时，红色与警示牌上的红色相互呼应，加强警示作用。

① ② ③ ④ ⑤ ⑥ ⑦

内部优化 —— 方案

开关柜反面

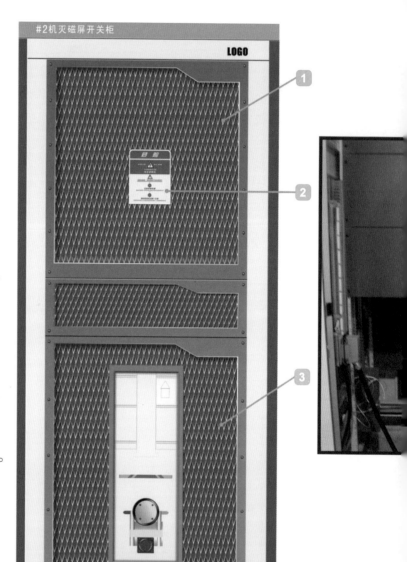

1 采用菱形铁丝网挡板遮挡内部不需要操作的部件，同时挡板外形采用斜边角处理，以打破光秃秃面板的呆板。

2 警示牌的放置既能起到警示操作者又能起到丰富整体面板的作用。

3 菱形铁丝网面板将部分灭磁开关层挡住，只留下开关，遮挡住了内部杂乱的线路，使得整体面板简洁、美观。

4 此处统一贴上公司的名称，起标识与丰富面板的作用。

方案 ＝ 内部优化
开关柜反面

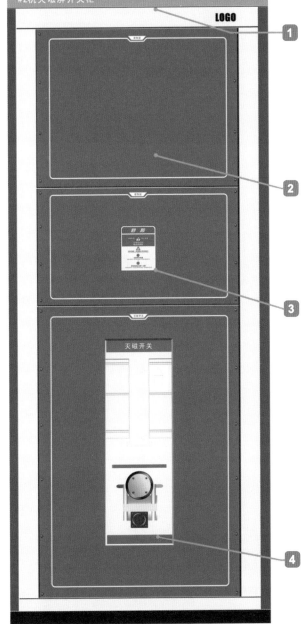

#2机灭磁屏开关柜

LOGO

1 机柜顶部统一采用灰绿色块，而灰绿色正是用来表示机柜这种理性产品的最佳选择。

2 标志统一采用黑色，使面板由浅灰到深灰再到黑色进行渐变。

3 在机柜上贴有大小合适的警示牌，既能起到警示作用也打破面板的空泛感。

4 此处采用铁板掏空处理，露出需要操作的灭磁开关，同时在上面涂上三条红色色块，用暖色——红色来打破机柜过于理性、冷酷的设计；同时，红色与警示牌上的红色相互呼应，加强警示作用。

内部优化 ➊ 方案
整流柜正面

1 机柜顶部统一采用绿色色块，绿色符合工业产品所需的理性色彩。

2 菱形铁丝网挡板遮挡内部杂乱的部件，同时对挡板外形进行斜边角处理。

3 用鲜亮颜色的铁制警示牌，打破机柜过于空泛的设计，同时也起到警示操作者的作用。

4 此面板可采用边框白线或采用模具冲出一个与上下面板相同的外形，以增加整体面板的统一感、秩序感。

5 此处采用可转动的亚克力挡板处理，深灰色的亚克力与周围的灰色协调，同时亚克力宽度与上方网孔板宽度对齐。

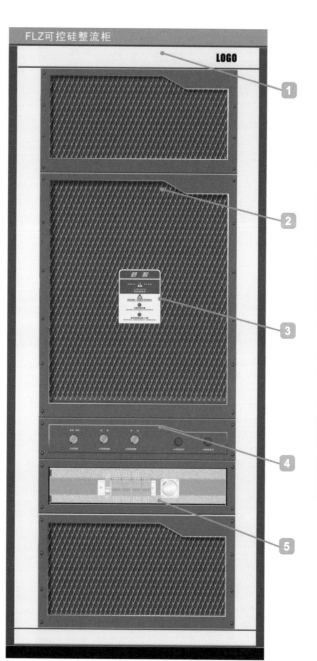

R17 设计展示是设计师与客户之间沟通的桥梁。

方案 = 内部优化

整流柜正面

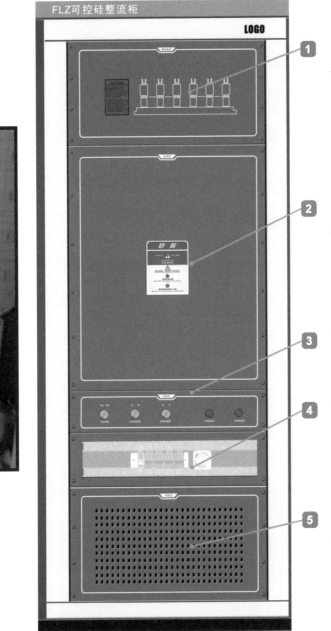

FLZ可控硅整流柜

LOGO

1 采用简洁线路图表示面板内部部件的构造,体现高科技感。同时,在左边贴上指示牌起说明作用。标签起警示作用,同时,能丰富板面、中和面板的冷色。

2 用鲜亮颜色的铁制警示牌,避免面板过于空泛,同时也起到警示操作者的作用。

3 白色的线框框选旋钮与指示灯,使原本散乱的操作区变得很整洁。

4 此处采用铁板与压克力挡板结合处理,使深灰色的亚克力与周围的灰色协调,同时亚克力宽度与上方网孔板宽度对齐。

5 此处为风机区,采用方形通风孔可以满足其要求,同时方形与机柜整体相互协调。

内部优化 — 方案
整流柜反面

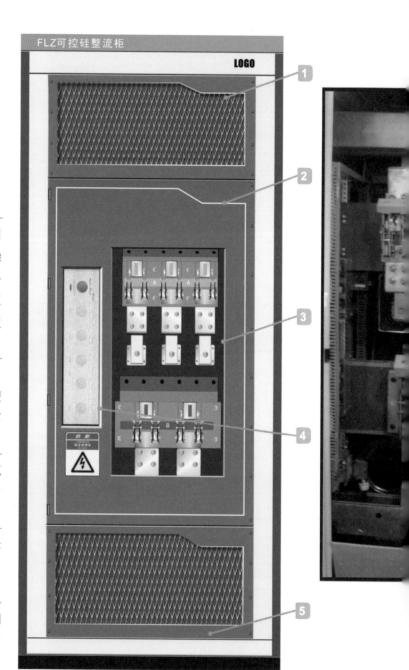

1 采用菱形铁丝网挡板遮挡内部不需要操作的部件,同时挡板外形采用斜边角处理,以打破光秃秃面板的呆板之感。

2 白色外形边框线与上下面板外形统一,使整个机柜面板从上到下统一起来。

3 此层面板采用亚克力材料,因为刀闸区有高压,需用绝缘材料。

4 将机柜内侧的指示灯放置在刀闸旁边,更符合人机操作。

5 此处统一贴上公司的名称,起标识与丰富面板的作用。

方案 ＝ 内部优化

整流柜反面

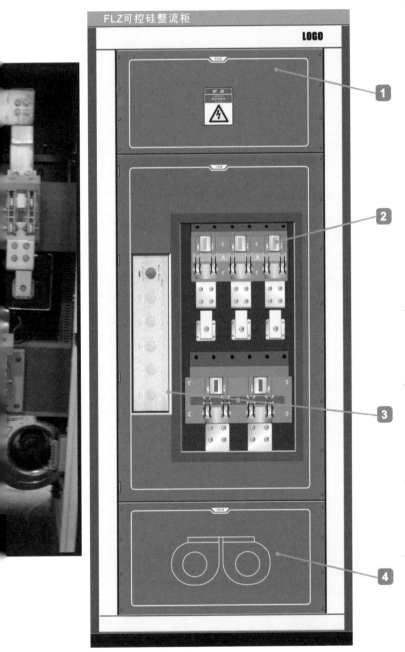

FLZ可控硅整流柜　　　　　LOGO

1 方形的白色线框进行倒圆角处理，打破了直线条的冷酷。

2 刀闸区内部贴上黄色与红色等警示色，警示操作人员的同时也让配色更鲜亮。

3 将机柜内侧的指示灯放置在刀闸旁边，更符合人机操作。

4 采用简洁线条标识内部风机构造，使面板简洁的同时还能体现出机器的高科技感。

内部优化 之 色彩方案

旋钮(C:100 M:3 Y:58 K:16 银:100%)

头部(C:98 M:7 Y:30 K:30 银:100%)

色块一(C:19 M:56 Y:0 K:0 银:100%)

色块二(C:1 M:61 Y:96 K:0 银:100%)

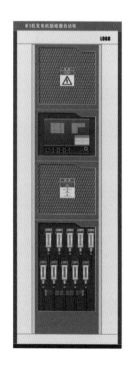

R11 产品的属性决定了产品的色彩，色彩是产品与用户之间的心灵沟通。**R17** 设计展示是设计师与客户之间沟通的桥梁。

色彩方案 之 内部优化

旋钮(C:100 M:0 Y:59 K:0 银:100%)

头部(C:57 M:23 Y:10 K:31 银:100%)

色块一(C:20 M:33 Y:0 K:0 银:100%)

色块二(C:1 M:99 Y:89 K:0 银:100%)

总体设计 之 项目结案

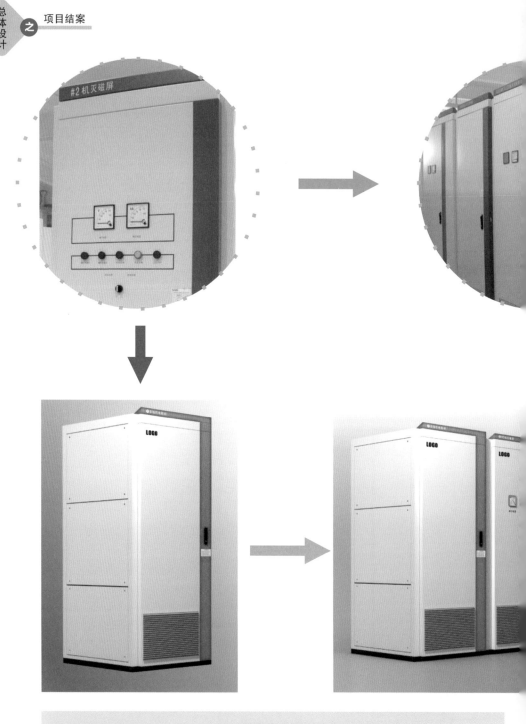

从外观造型到整体系列化风格造型到内部优化的全过程项目设计。

R17 设计展示是设计师与客户之间沟通的桥梁。

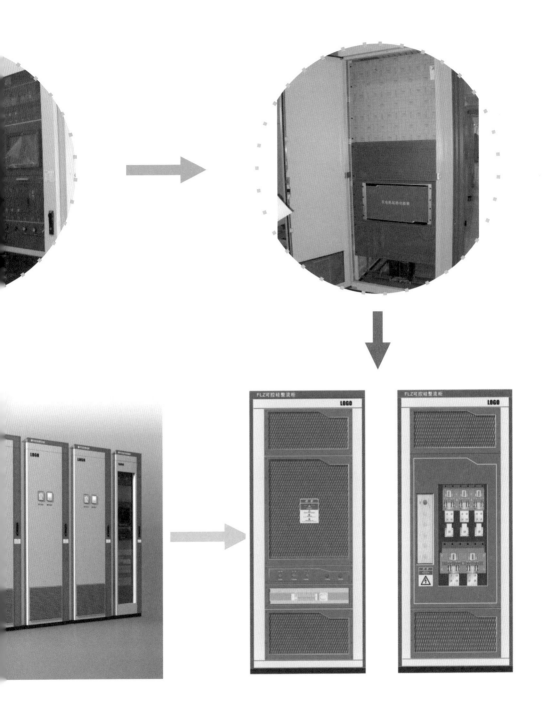

案例4

电器附件

NDUSTRIAL DESIGN

SELECTED SAMPLE

R3 设计调研的深度决定了设计定位的高度。

R4 问卷调查是一种最为传统但也是最直观的问题表达方式。

R5 选择一项合理的分析工具，能使设计分析事半功倍。

R6 了解竞争对手与同行产品才能达到知己知彼，设计创新。

R8 行业品牌区间的分析，帮助设计师理解产品行业属性。

R9 使用对象与销售渠道的分析，使设计师直观理解产品的使用对象。

R10 与客户确定设计要点，可使宏观设计概念微观化。

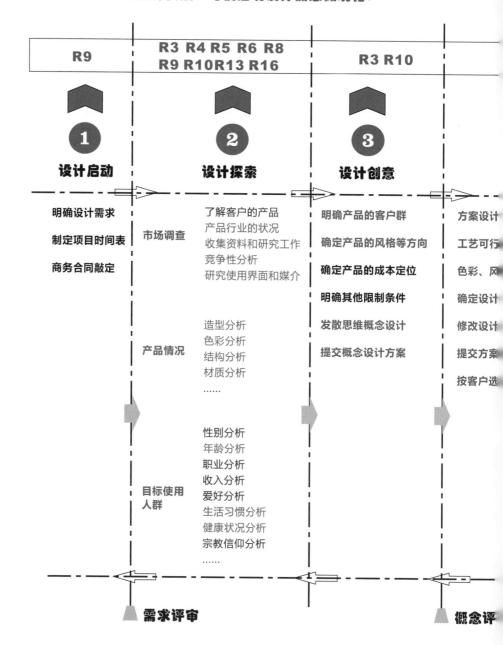

6 产品局部分析越到位，设计创新越精确。
7 设计展示是设计师与客户之间沟通的桥梁。
8 改良型产品设计方案是80%企业的选择。

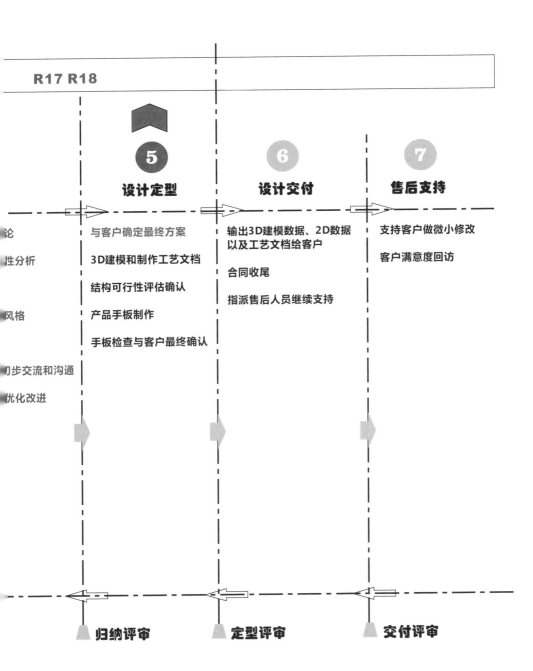

R17 R18

5 设计定型
与客户确定最终方案
3D建模和制作工艺文档
结构可行性评估确认
产品手板制作
手板检查与客户最终确认

6 设计交付
输出3D建模数据、2D数据以及工艺文档给客户
合同收尾
指派售后人员继续支持

7 售后支持
支持客户做微小修改
客户满意度回访

论
性分析

风格

初步交流和沟通
优化改进

归纳评审   定型评审   交付评审

定
义

排插，又叫拖线板或接线板，也叫做移动式插座，英文名称为 relocatable power taps。排插是插座的一种，把多个插座集中放在一起，而形成的多孔插座。它的作用是将有限的电源接口分流，可以同时使用多个电器设备，一座多用，既节省了空间又节省了线路。因此它已逐渐成为现代家居不可或缺的一部分，在室内起到活动插座的作用。

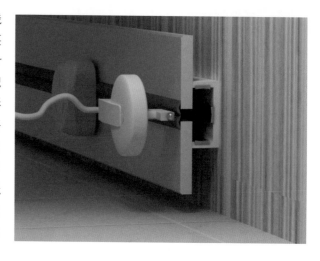

原
理

排插的电路入口是220V交流电压正极，出口是负极（地线），正负极拉出两条平行导线，互相之间没有交点，如果把正极那条线视作 x 轴，正极视作 $y=0$ 上的（0，0）的话，负极就是（0，1），负极所在直线就是 $y=1$。在某些相同的 x 值上，同时取 $y=0$ 与 $y=1$[如（2，0）与（2，1）] 作为用电器接入口，这样基本的回路就制作好了。

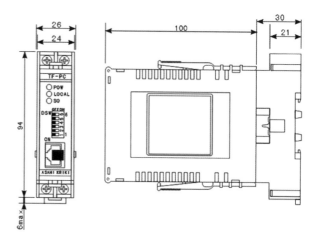

使用场景

品
牌

价位（专业厂家）
- 第一价位集团：突破等
- 第二价位集团：公牛、英特曼等
- 第三价位集团：和宏、秋叶原、子弹头等
- 第四和低档次价位集团

行业品牌区间分析，有助设计师理解产品的行业属性。

专业品牌	标志	产地	产品
突破	TOP 突破	北京	
公牛	BULL公牛	慈溪	
英特曼	Etman 英特曼	常州	
和宏	和宏 D&S	深圳	
秋叶原	CHOSEAL	深圳	
子弹头		宁波	
可来博	可来博 Clamber	北京	

国内专业做排插的知名厂家有：

公牛、突破、英特曼、和宏、秋叶原、子弹头等。

另外，还有一些比较知名的开关厂家也涉足这个领域。比如：ＴＣＬ、
正泰、飞雕、泰力等。

	消费对象	应用
使用对象 排插主要在室内的插座不够或使用不方便时使用，主要用于家庭、办公、公共场所等	家庭	家庭主要用于：空调、微波炉、电磁炉、电视、饮水机、冰箱、洗衣机、电脑等
	办公楼	办公楼主要用于：空调、电脑、打印机、饮水机等

购买场所	大型超市	电器商场	数码广场	文具店	网络购物

	价位	销售渠道	消费特点
销售渠道 市场分为批发市场和大型零售终端，也可以分为城镇市场和农村市场	高、中档价位	第一、第二、第三价位集团的产品适用在城镇销售，这些价位产品的传统批发销量不高。适合在大型的超市、电器商场、数码广场、文具店等地方销售，也适合从网上购买	高端市场对于品质与品牌关注度较高，但对于价格敏感度不高
	低价位	第四集团及其以下档次的产品主要在传统批发渠道销售。比如：3组3孔，线长为3m的，销售价格在5元左右这个档次定位的产品就非常适合走批发渠道	农村市场对价格敏感，对品质与品牌重视程度不高

①②③④⑤⑥⑦

R3 设计调研的深度决定了设计定位的高度。**R6** 了解竞争对手与同行产品才能达到知己知彼，设计创新。**R8** 行业品牌区间的分析，帮助设计师理解产品行业属性。**R9** 使用对象与销售渠道的分析，使设计师直观理解产品的使用对象。

分 类	功 能	产 品

IT类各大配电柜专用插排

目前设计较前沿的最高档排插为突破 PDU 排插，从六位至三十二位插排，两边均以排插壳体组配相关配件得以延伸；在排插两边扣位留足一定的空间，设计 PCB 功能，能抵抗浪涌5000A 电流冲击，以保护电器设备免受浪涌冲击的优等插排。该类产品成本高售价也高，适用范围如华为技术、TCL 王牌等各大集团性 IT 企业

写字楼高端插排

目前写字楼商用插排也配置较前沿的 PCB 功能板，能抵抗瞬间的高压冲击，能自动切断电器设备电源，以便保护办公室的电脑及其他高端电器设备。同时，还在插排位置上装有防雷击的电话插口和 ADSL 插口，以确保使用者在雷雨交加时，得到有效的保护

常见防护型中端插排

在全球市场，此类排插在较发达国家使用最广，在关键位置上设计的配件使用专用型的，能在过载时自动断电和防瞬间的高压，但此类排插防护的敏感度不高，内设配件也较普通

普通型插排

在发展中国家，使用此类排插的范围最广，其危险度较高。但这些国家终端使用的负载电压也不高，所以，普通型插排的使用量占较高的比重。例如：中国的农村市场，东南亚一些国家均存在很大的需求量

1.您对现在使用的插排满意吗?

(单选)

① 很满意　　　　　　37.4%
② 比较满意　　　　　　28.0%
③ 一般　　　　　　　　25.7%
④ 不满意　　　　　　　5.0%
⑤ 难以忍受　　　　　　3.7%

2.您常用多少插孔的插排?

（多选)

① 1~2个　　　　　　　43.9%
② 4~6个　　　　　　　40.1%
③ 8个或以上　　　　　15.9%

3.您喜欢哪种色系作为插排的主色调?

(多选)

① 白色　　　　　　　　49.5%
② 蓝色　　　　　　　　23.3%
③ 黄色　　　　　　　　12.1%
④ 黑色　　　　　　　　8.1%
⑤ 其他　　　　　　　　6.7%

4.如果有新造型的插排您会选择哪种风格?

(单选)

① 流线型　　　　　　　44.6%
② 科技感强　　　　　　24.4%
③ 简约理性　　　　　　20.1%
④ 卡通　　　　　　　　10.7%

5.您通常把插排放在哪里，需要固定吗?

(多选)

① 地上　　　　　　　　34.6%
② 桌上　　　　　　　　21.0%
③ 悬挂　　　　　　　　16.6%
④ 需要固定　　　　　　15.2%
⑤ 不需要固定　　　　　7.8%
⑥ 其他　　　　　　　　4.5%

6.您在使用插排时遇到过插头覆盖临近插口的尴尬情况吗?

(单选)

① 是，经常遇到　　　　42.1%
② 偶尔遇到　　　　　　30.2%
③ 从没遇到过　　　　　14.3%
④ 很多插孔多余　　　　13.1%

①②③④⑤⑥⑦

R3 设计调研的深度决定了设计定位的高度。**R4** 问卷调查是一种最为传统但也是最直观的问题表达方式。

问卷调查

7.您会以什么样的价位购买插排?
　　　　　　　　　　　　　(多选)
① 10~20元　　　　47.7%
② 30~50元　　　　40.2%
③ 60以上　　　　　12.0%

8.您所用的插排电源开关和指示灯是怎样分布的?
　　　　　　　　　　　　　(单选)
① 插排的两端　　　　60.1%
② 插排的同一侧　　　39.8%

9.您觉得市场流行的插排使用寿命如何?
　　　　　　　　　　　　　(单选)
① 很不错　　　　　45.2%
② 勉强可以　　　　36.4%
③ 很容易破坏　　　18.2%

10.如果您对您现在使用的插排不满意,请问您最不满意的地方在哪?
　　　　　　　　　　　　　　　　　　(单选)
① 价格　　　　　　　　36.6%
② 外型太传统　　　　　17.9%
③ 材料易碎易老化　　　16.7%
④ 使用不够安全　　　　13.0%
⑤ 导电金属片易变形　　6.8%
⑥ 两组插孔距离太小　　5.8%
⑦ 功能偏少　　　　　　2.9%

11.您认为插排还应该添加什么功能?
　　　　　　　　　　　　　(多选)
① 定时　　　　　　　　30.8%
② 插孔有夜光功能　　　18.0%
③ 防水　　　　　　　　17.6%
④ 背部可粘贴　　　　　11.1%
⑤ 防雷　　　　　　　　7.7%
⑥ 盲人也可以用　　　　5.3%
⑦ 节约电源意识　　　　9.1%

12.您使用插排时,最常遇到的问题是?
　　　　　　　　　　　　　(多选)
① 时间久了,插口松动　　　　　　　　42.4%
② 拖线板线过长,常弄的到处都是　　　21.1%
③ 家里有小孩子,常担心他们会触
　　碰到不安全　　　　　　　　　　19.8%
④ 拖线板上的接口的数目或种类过　　16.5%
　　于单一,不能一次性满足需要

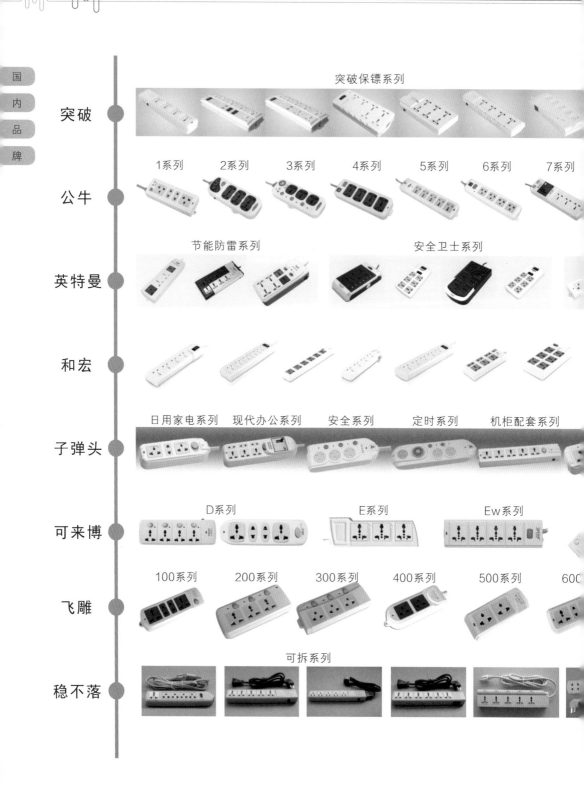

突破破保镖系列

突破

1系列　2系列　3系列　4系列　5系列　6系列　7系列

公牛

节能防雷系列　　　　　　安全卫士系列

英特曼

和宏

日用家电系列　现代办公系列　安全系列　定时系列　机柜配套系列

子弹头

D系列　　　　　　E系列　　　　　Ew系列

可来博

100系列　200系列　300系列　400系列　500系列　600

飞雕

可拆系列

稳不落

①②③④⑤⑥⑦

R3 设计调研的深度决定了设计定位的高度。**R6** 了解竞争对手与同行产品才能达到知己知彼，设计创新。
R8 行业品牌区间的分析，帮助设计师理解产品行业属性。

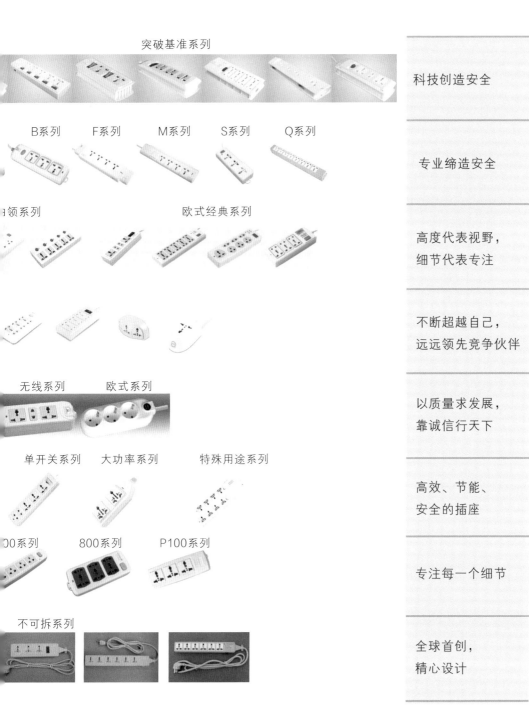

突破基准系列

B系列　　F系列　　M系列　　S系列　　Q系列

白领系列　　　　　　欧式经典系列

无线系列　　欧式系列

单开关系列　　大功率系列　　特殊用途系列

00系列　　800系列　　P100系列

不可拆系列

科技创造安全

专业缔造安全

高度代表视野，
细节代表专注

不断超越自己，
远远领先竞争伙伴

以质量求发展，
靠诚信行天下

高效、节能、
安全的插座

专注每一个细节

全球首创，
精心设计

　　国内生产排插的企业众多，产品设计风格多样，但有同质
化的倾向，以上选取了具行业代表性的品牌及其产品。

精于心
简于形

设 计 凸 显 人 性
全球 化+本 土 化

保护
便捷
灵巧

简单直接
工艺精湛
人性化设计

简单
方便
实用为先

R3 设计调研的深度决定了设计定位的高度。**R6** 了解竞争对手与同行产品才能达到知己知彼，设计创新。
R8 行业品牌区间的分析，帮助设计师理解产品行业属性。

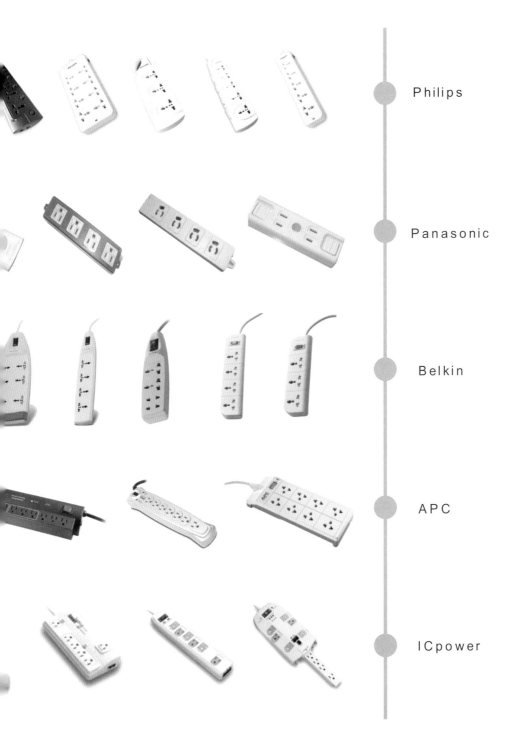

Philips

Panasonic

Belkin

APC

ICpower

国外的排插生产企业并没有国内多，但其产品设计制造、技术等方面均有一定的代表性。

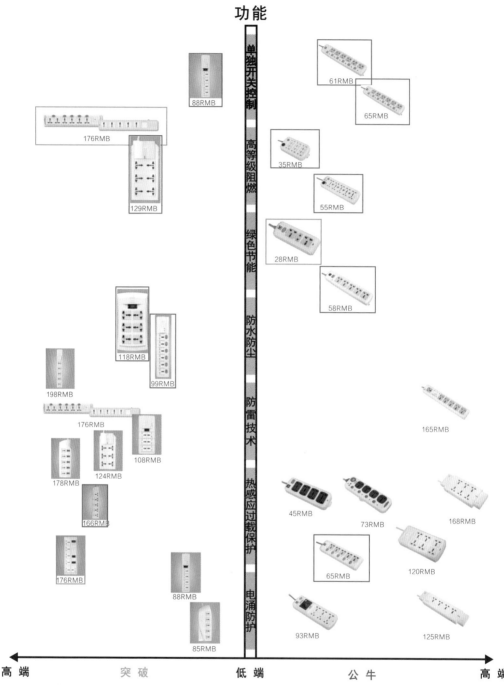

功能

单独开关控制
高等级阻燃
绿色节能
防水防尘
防雷技术
热感应过载保护
电涌防护

价
位
分
析

高端　突破　低端　公牛　高端

无论是高端定位的排插还是低端定位的排插都主要集中在前四个功能上，可见，消费者对排插的功能需求主要集中在电涌防护、热感应过载保护、防雷技术、防水防尘等功能上，高等级阻燃材料的使用以及单独开关控制也成为排插厂商关注的重点，突破定位于高端，其主要功能集中在热感应过载保护及防雷技术的应用上。

R3 设计调研的深度决定了设计定位的高度。**R6** 了解竞争对手与同行产品才能达到知己知彼，设计创新。
R8 行业品牌区间的分析，帮助设计师理解产品行业属性。

突破排插定位为高端产品，包括坚持科技领先的保镖系列和以安全保护为基础的基准系列，在价格方面保镖系比基准系要高。

公牛排插定位为中低端产品，拥有 1 ~ 7 系列和 A、B、C、F、M、S、Q 系列，7 系列为电脑专用，价格比较高，1 ~ 4 系列为普通型，价格比较低。

可来博排插为专用排插，航天专用、网络专用等，定位为中高端产品。

Belkin 排插定位为中高端产品，推出的防浪涌排插为高端产品，价格高；普通排插价格合适。

松下排插定位为中端产品，造型简洁、小巧。

稳不落排插定位为中低端产品，有可拆线和不可拆线两类，可拆线的价格相对较高。

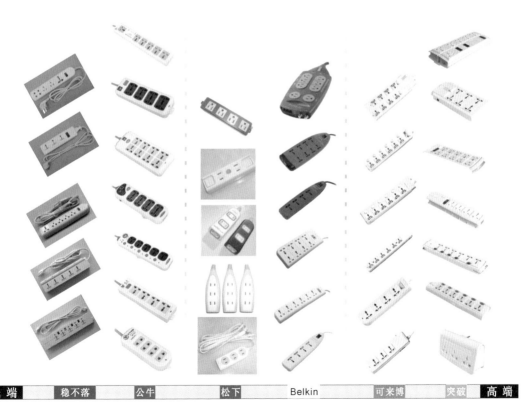

| 低端 | 稳不落 | 公牛 | 松下 | Belkin | 可来博 | 突破 | 高端 |

造
型
分
析

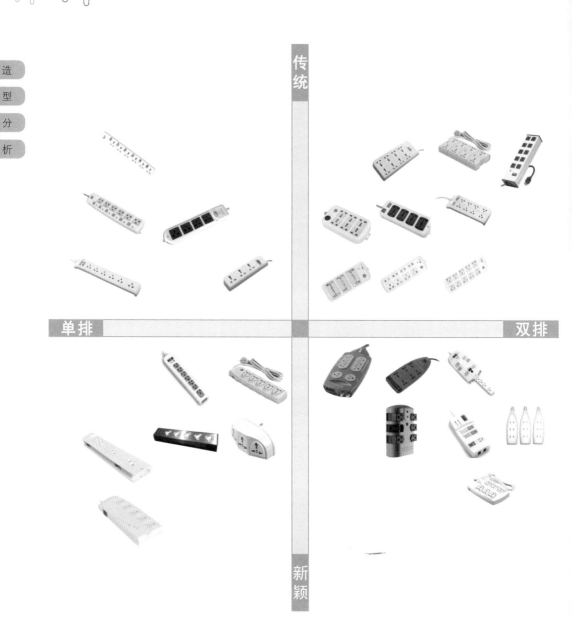

传
统

单排

双排

新
颖

排插的排列方式有单排和双排。
一般情况下，少量插孔会选用单排，
而大量插孔选用双排，界限在六联
左右。排插的造型有传统的直线型，
也有新颖的曲线型，造型多样化。

①②③④⑤⑥⑦

R3 设计调研的深度决定了设计定位的高度。**R5** 选择一项合理的分析工具，能使设计分析事半功倍。**R6** 了解竞争对手与同行产品才能达
到知己知彼，设计创新。**R8** 行业品牌区间的分析，帮助设计师理解产品行业属性。

	直按式	左右按式
方开关		
圆开关		

　　排插的开关形状有方形、椭圆形、圆形等。一般圆形和小正方形开关会采用直按式进行开启或切断电源，而长矩形开关会采用左右按式或左右移动式来开启或切断电源。

各
国
插
口

国家/地区	插口形状	国家/地区	插口形状
中国 China		英国 United Kingdom	
中国香港 Hong Kong		法国 France	
日本 Japan		德国 Germany	
韩国 South Korea		意大利 Italy	
菲律宾 Philippines		荷兰 Netherlands	
泰国 Thailand		西班牙 Spain	
新加坡 Singapore		奥地利 Austria	
印度 India		希腊 Greece	
印度尼西亚 Indonesia		瑞典 Sweden	
马来西亚 Malaysia		挪威 Norway	
美国 USA		瑞士 Switzerland	
加拿大 Canada		丹麦 Denmark	
墨西哥 Mexico		芬兰 Finland	
澳大利亚 Australia		比利时 Belgium	
新西兰 New Zealand		俄罗斯 Russia	

①②③④⑤⑥⑦

R3 设计调研的深度决定了设计定位的高度。**R6** 了解竞争对手与同行产品才能达到知己知彼,设计创新。**R8** 行业品牌区间的分析,帮助设计师理解产品行业属性。**R13** 标准是设计师成功设计商业化产品的入门资料。

下表列举了北美最常用的插座形状，相应的插头也是一样。各种额定值的插头和插座不可互换，例如5～15P（125V，15A）不可以在6～15P（250，15A）的插座上使用，反之亦然。

北美最常用的插座形状						
	种类		15A插座	20A插座	30A插座	50A插座
两极三线 接地	125V	5				
	125V	5A				
	250V	6		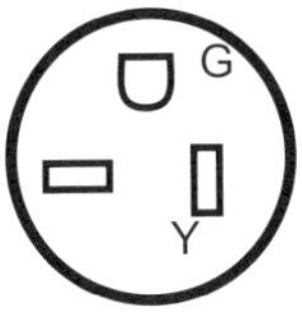		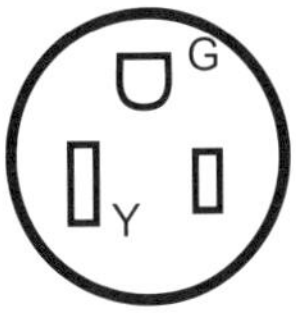
	250V	6A				
	277V AC	7	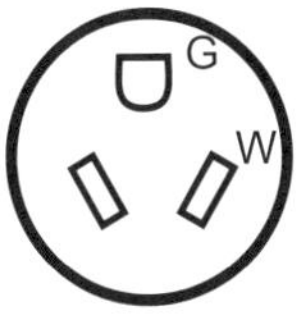	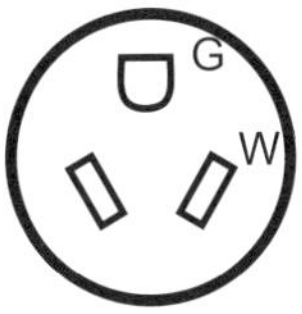		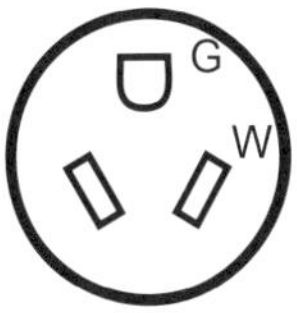
	347V AC	24				

北
美
插
座

在北美最常用的插头、插座是 125V、15A 的，插头规格为 1 ～ 15P 和 5 ～ 15P，插座规格为 5 ～ 15R，几乎每一个家庭和办公室都在使用。但由于北美是 120V 电压，如果只是 15A 电流，电器的功率就限定在 1800W 以内。因此，大功率的电器设备需另外的插头插座。

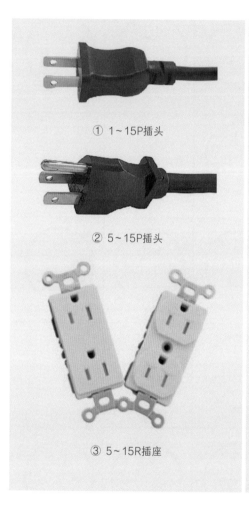

① 1～15P插头

② 5～15P插头

③ 5～15R插座

它的插片是一大一小，大的插片连接到电源的零线，小的插片连接到电源的火线。

它有三个插片，圆的是接地，另外扁的两个分别是火线和零线。把插片正对自己，右手边的连接到电源的火线。

5～15R的插座对1～15P和5～15P的插头都适用。

▲ 最普遍使用的插头和插座

R3 设计调研的深度决定了设计定位的高度。**R6** 了解竞争对手与同行产品才能达到知己知彼，设计创新。
R8 行业品牌区间的分析，帮助设计师理解产品行业属性。

▼ 大功率使用的插头和插座

④ 5~20P插头

它有三个插片，圆的插片是接地，扁的插片打竖和打横各一个，分别是火线和零线。

⑤ 5~20R 插座

它跟 5 ~ 15R 的插头很相似，唯一不同的地方就是其右边抽孔为 T 字形，因此 1 ~ 15P、5 ~ 15P 和 5 ~ 20P 的插头都适用。这种插座虽然好用，但在北美的家庭中并不多见，通常多见于办公和工业用途的场所。

⑥ 6~15R 插头

电热、电机类大功率设备，可以考虑使用 240V 电压。插头6 ~ 15P 和插座 6 ~ 15R 是比较常用的一种，其额定值为 250V、20A。接到 240V 的电源，可以有 4800W 的功率，大多数产品都可以满足。但在北美的家庭中并不多见，通常用于办公和工业用途的场所。

⑦ 6~15R插座

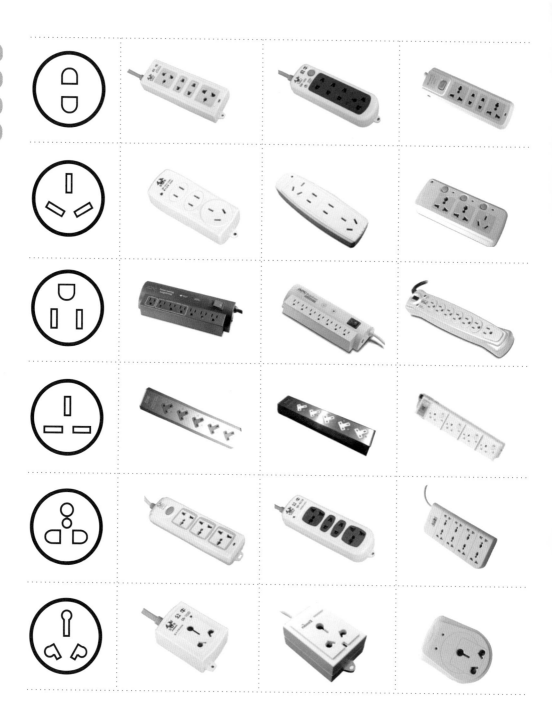

插

口

分

析

R3 设计调研的深度决定了设计定位的高度。**R5** 选择一项合理的分析工具，能使设计分析事半功倍。**R6** 了解竞争对手与同行产品才能达到知己知彼，设计创新。**R8** 行业品牌区间的分析，帮助设计师理解产品行业属性。

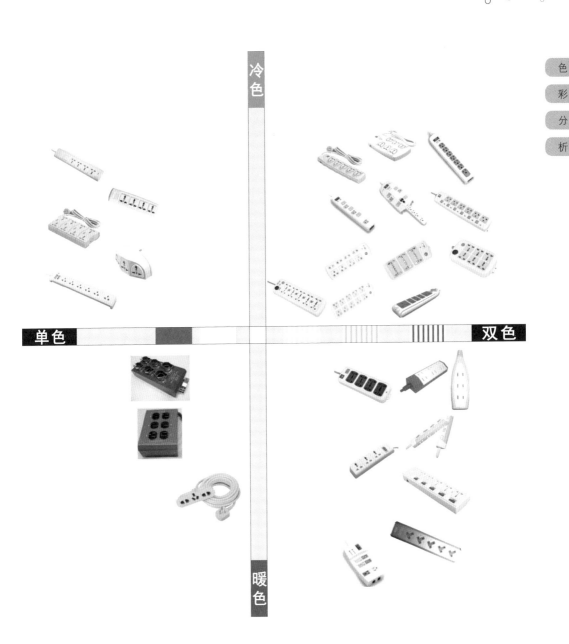

冷色

单色   双色

暖色

　　色彩上，排插使用白色为主色调，副色调一般采用冷色调，如浅蓝、浅绿，小面积点缀如开关的颜色则采用暖色调，如红、黄等。而主色调为暖色调的排插较少。

01 多功能模块插座

"积木"设计形式，配有USB插口，模块化拼接。

02 踏板插座

通过一个翘板，轻轻一踩即将插头轻松地取出。

03 节电拉环插座

有定时断电功能。当拉环被拉下时插座即被开启，此时拉环就会慢慢收缩，当恢复原位时，电源就会自动被切断。充电时，只要将拉环拉到合适的长度，就不必担心因为充电时间过长而浪费电力，以及由此而导致的设备损坏。

04 翘板式排插

插口隐藏在下面，只要将插头直接插在上面，由于独特的翘板设计，面板被压下并插入下面的真实插孔。当需要将电源拔掉的时候，只要按下翘板的外侧，插座就会被翘出来了。

05 旋转插座

将插座旋转到合适的角度就可以同时使用两个插孔。

06 最具创意插座

这款插座由一个双槽插口以及一个三槽插口两个部分组成，提供独特的180°旋转设计，使其能够适应任何角度除此之外，接成长龙的E-Rope可以适应墙角、桌脚等特殊"地形"。

07 飞碟插线板

有效避免插头覆盖临近插口的情况。

08 缠绕的电线插座

通过上下的两个凹槽，将过长的电线缠绕在上面，不仅可以更加整洁，而且可以防止电线将人绊倒。

R3 设计调研的深度决定了设计定位的高度。**R6** 了解竞争对手与同行产品才能达到知己知彼，设计创新。
R8 行业品牌区间的分析，帮助设计师理解产品行业属性。

09 线性排插

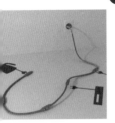

线性排插没有传统排插的大体积，紧凑的插口设计显得更加自由，不仅可以旋转方向而且收纳方便。不足之处是，现在还没有看到有关3孔插座的设计。

10 无线遥控排插

将电源插头插入220V电压，按下A键电源接通，排插上的指示灯亮；按下B键电源关断，排插上的指示灯灭。

11 USB的HUB口排插

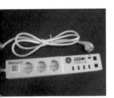

扩展4个USB接口；无需驱动程序，即插即用，可作充电器使用。手机可即插即冲电。

12 带USB接口排插

Belkin日前推出了一种带USB接口的防电涌插线板，撇开防电涌功能不提，除了提供3个3插孔，还附加了两个USB插孔。

13 伸缩式插线板

这款产品在每两个相邻的插座之间都设计了一个伸缩的设计，当插头过大遮盖住临近的插孔时，就可以按照需要将插座伸展开。

14 多功能旋转排插

这款旋转插线板的其中一排插口能够以插线板为轴做90°的旋转，这样就能够有效地避免过大的插头覆盖住临近插口的情况了。

15 圆锥形电源插座

通过改进设计，日常用品也能让消费者眼前一亮，并产生购买欲望。这就是工业设计带来的附加值。

问题一：插套组件没有足够的弹性

标准规定：插座的插套组件应有足够的弹性，确保
插头与插座插合时有足够的接触压力。但市场上某
些移动式插座内部只有两片薄薄的铜片卡在绝缘壳
的内冲压槽中，没有一点弹性，用合格的插头反复
插拔几次，内部薄铜片就变形了，再多插几次，明
显感觉插头在插座中晃动。如果插头与插座之间没
有足够的接触压力，使用时会造成插头与插座之间
接触电阻过大，温升过高，从而引发危险。

问题二：插销厚度不符合标准要求

标准规定：6A、10A两极插头和两极带接地（俗称单
相三极）插头，每极插销的厚度都应在1.4～1.5 mm
之间。插销厚度不符合标准要求势必造成插头与插座
的接触不良。

问题三：插座的最小拔出力不符合标准要求

标准规定：插座的结构应使插头容易插入和拔出，并应
能防止插头在正常使用时脱出插座。这些情况都会导致
插头与插座接触不良。电冰箱、吸油烟机、电热水器等
许多I类电器，在使用中必须将其插入单相三极插座中，
即必须良好接地以确保使用者的安全，插头与插座接触
不良就会造成接地不可靠，一旦发生家用电器漏电等故
障，可能会造成人身触电危险。

问题四：耐热性能不符合标准要求

标准规定：插座经100℃一小时的耐热试验后，应不出现
影响今后使用的变化。插座绝缘材料的耐热性是插座的重
要安全性能指标之一。质量差的产品在耐热试验后，产品
外壳严重变形，甚至个别产品因外壳的变形而导致插孔内
的带电部件互相触及，形成短路。

R3 设计调研的深度决定了设计定位的高度。**R16** 产品局部分析越到位，设计创新越精确。

问题五：电源线截面积过小

标准规定：不可拆线的插头和移动式不可拆线插座均应装有一根符合IEC227或IEC245要求的软缆，并规定10A不可拆排插导线的截面积至少应为0.75mm²。在市场上有些排插从粗粗的圆电缆外表看，电源线最少也应该有2.5mm²，但内部却是两根细细的绝缘线芯，大约只有0.2mm²。

问题六：电源线芯数与插座不配套

标准规定：对于不可拆线的插头和移动式不可拆线插座，软缆的导线数应与插头或插座极数相等。但在市场上仍然能看到某些移动式不可拆线插座上尽管有单相三极插孔，电源线的另一头却是两极插头。还有一些插头和插座表面上是单相三极，但插座内部只连接了两根电源线，接地极是虚设的。

问题七：产品表面标志不规范

标准规定，在插头插座表面至少应标注额定电流、额定电压、电源性质符号、生产厂或销售商的名称、商标或识别标志、型号。插头插座早在2001年就被列入第一批实施强制性产品认证的产品目录中，所以还需要标注"3C"认证标志。但在市场上，尤其在城乡结合地区的小商店中，还能看到标注不规范的插头插座。

　　1. 有些排插质量较差，在材料选择上应避免因高温导致材料的融化或自燃。

　　2. 使用排插会大大增加与其连接的墙壁插座的负载。

　　3. 水浸、电线摔绊等其他风险。

　　4. 插头间间距太小，使得排插的使用效率大大降低。

　　5. 一键开关的使用，使得很多用户容易误操作，导致电器的突然断电，引起不必要的损害。

缠头间的距离太窄，无法多个插头共同使用

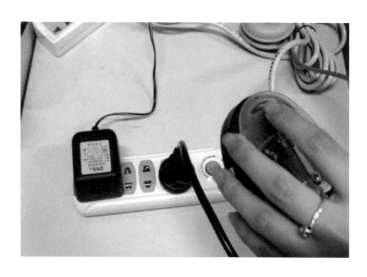

R3 设计调研的深度决定了设计定位的高度。**R16** 产品局部分析越到位，设计创新越精确。

60mm

MP3 POWER SUPPLY

40mm

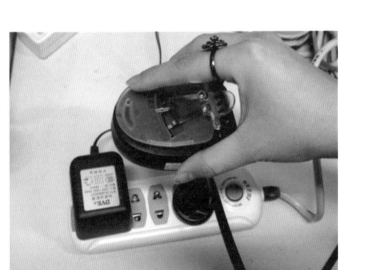

45mm

电
源
规
格

序号	国家或地区	所属洲	英文地名	电压/ V	频率/Hz	插头插座	适用类别
1	阿富汗	亚洲	Afghanistan	220,380*	50	G	A类
2	阿根廷	南美洲	Argentina	220	50	B,C	A类
3	澳大利亚	大洋洲	Australia	240,415*	50	C,P	A类
4	奥地利	欧洲	Austria	220~230	50	A,B	A类
5	孟加拉国	亚洲	Bangladesh	220	50	B,G	A类
6	比利时	欧洲	Belgium	220~230	50	B,F	A类
7	保加利亚	欧洲	Bulgaria	220	50	A,B	A类
8	缅甸	亚洲	Burma/Myanmar	230	50	B,G	A类
9	喀麦隆	欧洲	Cameroon	220~230	50	B,I	A类
10	中非	非洲	Central Africa Rep	220	50	B	A类
11	智利	北美洲	Chile	220	50	B,I	A类
12	中国	亚洲	China	220,380*	50	B,C	A类
13	刚果	非洲	Congo Rep	220	50	B	A类
14	捷克斯洛伐克	欧洲	Czechoslovakia	220	50	A,B	A类
15	丹麦	欧洲	Denmark	220~230	50	B,E	A类
16	埃及	非洲	Egypt	220	50	B	A类
17	英格兰	欧洲	England	240	50	D,G	A类
18	爱沙尼亚	欧洲	Estonia	240	50	A,B	A类
19	埃塞俄比亚	非洲	Ethiopia	220	50	A,B,F,G,J	A类
20	斐济	大洋洲	Fiji	240	50	C	A类
21	芬兰	欧洲	Finland	220~230	50	A,B	A类
22	法国	欧洲	France	220~230	50	B,F	A类
23	加蓬	非洲	Gabon	220	50	B,F	A类
24	德国	欧洲	Germany	220~230,380*	50	A,B	A类
25	希腊	欧洲	Greecc	220~230	50	A,B	A类

R3 设计调研的深度决定了设计定位的高度。**R16** 产品局部分析越到位，设计创新越精确。

序号	国家或地区	所属洲	英文地名	电压/ V	频率/Hz	插头插座	适用类别
26	几内亚	非洲	Guinea	220	50	B,F	A类
27	中国香港	亚洲	Hong Kong, China	220,346*	50 50	D,G	A类 A类
28	匈牙利	欧洲	Hungary	220	50	A	A类
29	冰岛	欧洲	Iceland	220	50	A,B	A类
30	印度	亚洲	India	220~250	50	B,G	A类
31	伊朗	非洲	Iran	220	50	A,B	A类
32	伊拉克	亚洲	Iraq	220,380*	50	B,D,G	A类
33	以色列	亚洲	Israel	230	50	A,H	A类
34	意大利	欧洲	Italy	220~230	50	B,I	A类
35	肯尼亚	非洲	Kenya	240		D,G	
36	科威特	亚洲	Kuwait	240,415*	50	B,D,G	A类
37	中国澳门	亚洲	Macao, China	220	50 50	B,G D	A类 A类
38	马来西亚	亚洲	Malaysia	240,415*	50	G	A类
39	马尔代夫	亚洲	Maldives	230	50	D	A类
40	马耳他	欧洲	Malta	240	50	B,F	A类
41	摩纳哥	欧洲	Monaco	220	50	B	A类
42	蒙古	亚洲	Mongolia	220	50	A,B,F	A类
43	摩洛哥	非洲	Morocco	220	50	A,B	A类
44	荷兰	欧洲	Netherlands	220~230	50	C	A类
45	新西兰	大洋洲	New Zealand	230	50	A,B	A类
46	挪威	欧洲	Norway	220~230	50	A,B	A类
47	俄罗斯	欧洲	Russia	220	50	B,D,G	A类
48	新加坡	亚洲	Singapore	230,400*	50	B,L	A类
49	瑞士	欧洲	Switzerland	220~230			
50	英国	欧洲	United Kingdom	240	50	D,G	A类

调研显示，不同收入的人群对排插产品的关注度及要求、主要电器与优质排插相关性、品牌意识、购买目的、不同概念、包装和外观等五个方面有不同认知。

调研将排插使用频率较高的人群按收入、性别、受教育程度进行分类。将消费者按照收入不同分为三组：

A 组：家庭月收入在 3000 ~ 6000 元，中端男性；
B 组：家庭月收入 8000 元以上，高端男性；
C 组：家庭月收入在 5000 ~ 8000 元，中端女性；

设
计
定
位

1. 形态上在满足现有排插功能的前提下进行适当创新。

2. 在设计中，将排插的插口排位进行合理分配，提高排插的使用效率。

3. 合理设计，解决排插自身电线的缠绕问题。

4. 解决排插的放置问题，可以固定在墙上，或者活动性移动等。

5. 安全设计，考虑每个插口对应一个开关按钮。

6. 满足基本排插功能的同时加入其他功能，如USB接口等。

① ② ③ ④ ⑤ ⑥ ⑦

R3 设计调研的深度决定了设计定位的高度。**R10** 与客户确定设计要点，可使宏观设计概念微观化。

不同收入的人群对排插产品的关注度和要求

主要电器与优质排插产品的相关性

品牌意识在不同收入人群中的差异

购买目的不同造成对价格和品牌的要求不同

定
位
人
群

高

不同收入人群对排插产品的不同要求

能接受的价格在 100 元左右（容易接受高价）

品牌意识很强、忠诚度中等、对价格的敏感性较低，更加关注产品的附加功能

能接受的价格在 40 元左右

品类知识度稍高，大电器应当配好的产品，有一定的记忆联想

能接受的价格区间在 30-40 元之间

忠诚度不够，转换率很高，稍有品牌意识

对排插产品关注度稍高，对产品要求主要集中在安全、品质、能够保护家人安全

品类知识稍低，认为贵重电器一定要用好的产品、记忆联想的线索不明晰

有品牌意识、忠诚度不高、购买决策过程易受到促销、导购、外观、口碑等因素影响

对排插产品关注度偏低，对产品要求：安全、适用就可以，一定程度上关注产品与家庭的匹配性

品类知识度低，大电器应当配好的产品，担心小孩会遇到危险

对排插产品关注度低，对外观尤其是与家庭环境的匹配性要求高、对产品功能追求大而全，同时对价格敏感

低

A：家庭收入在 3000-6000 元，中端男性

B：家庭收入在 8000 元以上，高端男性

C：家庭收入在 5000-8000 元，中端女性

改
良
设
计

方案一：

设计说明：

1. 这款排插设计主要解决排插主线的理线问题，右侧的两个搭扣可以打开和闭合，打开后主线可以在两个搭扣间环绕达到理线的目的。

2. 顶端圆形区域内的三向插孔可以设置定时取电，通过旋转外圈圆环控制。

3. 底端一键指示灯设计。

4. 主体黑色工程塑料材质，插孔边缘分色设计。

方案二：

设计说明：

　　本款排插整体采用下沉式结构，侧边进行凹陷设计，并呈波浪式造型，上下两部分过渡圆润而平和，造型简洁大方，呈现珠圆玉润的素雅质感。开关按键色彩、指示灯色彩与文字表示色彩协调而有变化，增强了整体的典雅之美。

创
新
设
计

方案一：

设计说明：

1. 此款排插设计主要解决拔出插头的问题，每块插口的两片蓝色部分可以从两侧压下，将插头弹出。

2. 主体排插上下壳体分色设计，上盖主体白色，下盖主体为与上盖的蓝色呼应，也使用蓝色。

方案二：

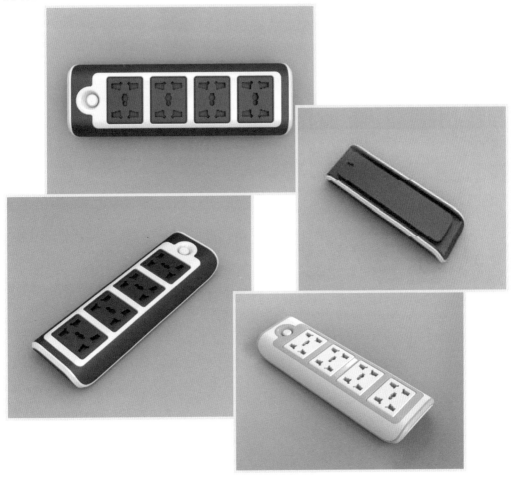

设计说明：

　　1.这款排插设计是为了解决主线的理线问题，它的底面有内凹凸台设计，将主线背向缠绕在凸台周围，解决了主线的理线问题。

　　2.可提供彩色个性色彩方案。

创
意
设
计

方案一:

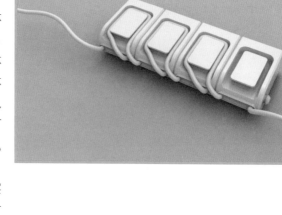

设计说明:

　　本款排插的设计体现了可拆装设计的理念,整个产品由若干单元体连接而成。两个单元体之间可通过定位销和电源线绑定成一体,亦可在需要时拆分开使用。此外,每个单元体都自带电源控制按键,可实现独立控制。在配色方面则采用白色配以五彩的糖果色,使得整个产品更为活泼和富有情趣。

① ② ③ ④ ⑤ ⑥ ⑦

R17 设计展示是设计师与客户之间沟通的桥梁。**R19** 创新型设计是提升企业产品研发力量的推进器。

方案二：

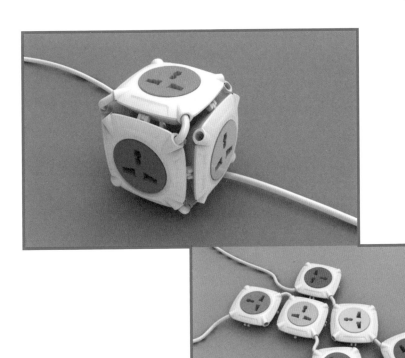

设计说明：

　　本款排插设计体现了可拆装设计的理念，整个产品由若干单元体连接而成。所有的单元体在边上都带有定位卡子，四个角的接孔都可连接电源线，按一定的顺序可将六个单元体组装成一个立方体，同时亦可在需要时拆分开使用。在配色方面则采用白色配以五彩的糖果色，可根据用户的喜好任意组合，使整个产品更活泼、更时尚。

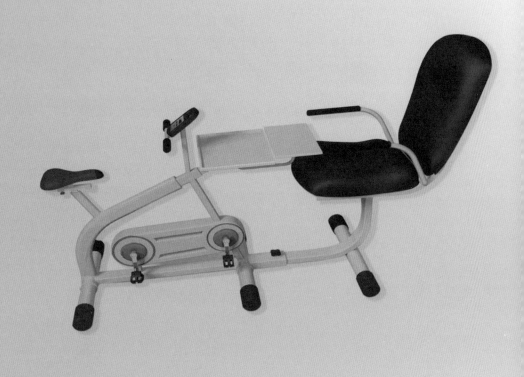

NDUSTRIAL DESIGN

SELECTED SAMPLE

R1　设计输入是设计师理解设计项目要求的依据。
R3　设计调研的深度决定了设计定位的高度。
R5　选择一项合理的分析工具，能使设计分析事半功倍。
R6　了解竞争对手与同行产品才能达到知己知彼，设计创新。
R7　设计对象的实地测绘沟通就如人的恋爱，可加深了解。
R8　行业品牌区间的分析，帮助设计师理解产品行业属性。
R10　与客户确定设计要点，可使宏观设计概念微观化。

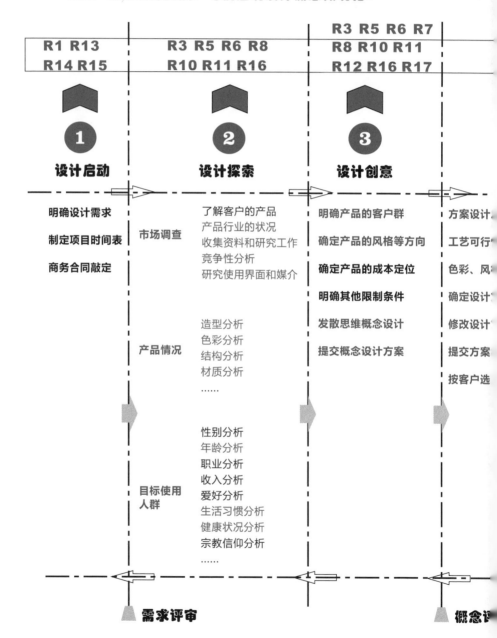

1 产品的属性决定了产品的色彩，色彩是产品与用户之间的心灵沟通。
2 人机工程是设计成功走向市场的钥匙。
3 标准是设计师成功设计商业化产品的入门资料。
4 设定评估标准是设计师与客户间理性评价设计的天平。
5 分析评估标准使设计师的设计目标更明确。
6 产品局部分析越到位，设计创新越精确。
7 设计展示是设计师与客户之间沟通的桥梁。

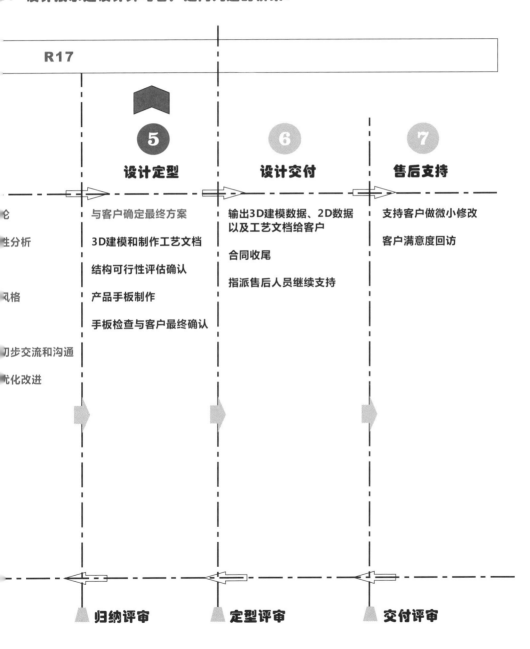

设计意义

　　随着生活水平的提高，老人患各种疾病的概率也越来越高，因而帮助老人减轻病痛，设计一款能有效保健、适宜老人训练肢体的器械是十分必要的。

　　本案例所要设计的产品——双联动康复车是针对脑血栓病人而设计的一款康复器械。脑血栓病人在经抢救治疗后神志可恢复，但一般都会留下不同程度的后遗症，以半身不遂（偏瘫）最多见。脑血栓后遗症并非不治之症，除了采用药物治疗、针灸等综合措施外，康复治疗还包括进行适当的肢体运动，加强功能锻炼，从而可加快恢复的速度和改善恢复的程度。

　　多数病人的恢复期及后遗症期的综合性防治都是在家中进行，如果能够坚持有效的药物治疗、坚持肢体功能等康复训练，控制好血压血脂等危险因素，是能够达到有效改善症状并不再复发的康复治疗目的的。

双联动康复车包括有一个双联动的脚踏装置及其支撑架体，脚踏装置主要由一对传动轮（1、2）及与传动轮连接的传动带（3）和设置在传动轮轴两端的脚踏拐（4）、踏板（5）组成。

该装置的支撑架体主要由主横梁（6）、手扶梁（7）、后座梁（8）、底撑工字梁（9）组成；其中，底撑工字架两端的立梁（9）顶部与主横梁（6）为固定连接；脚踏装置的传动轮轴垂直设置在主横梁的两端。

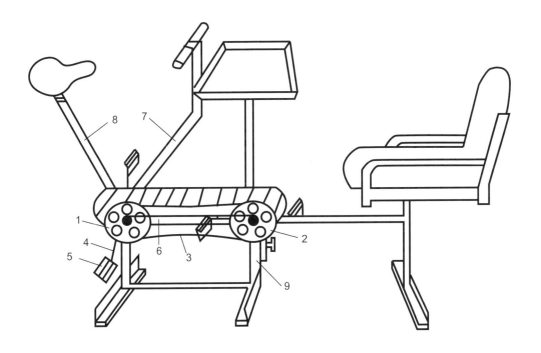

该康复车可减小患者、康复训练者的体能消耗，可尽快地实现患者的行走康复；可使患者与陪护家人全天候面对面的训练，有益于相互之间的情感交流；所设存物盘内放置零星物品，取用方便；结构简单，组装方便、成本较低，适用各种消费人群。

目标使用者
关注点

分析评估因素

价格

舒适性

可操作性

安全性

空间占用性

耐久性

美观性

辅助功能性

R13 标准是设计师成功设计商业化产品的入门资料。**R14** 设定评估标准是设计师与客户间理性评价设计的天平。
R15 分析评估标准使设计师的设计目标更明确。

辅助功能性

耐久性　　　　　　　　美观性

价格　　　　　　　　　　空间占用性

舒适性　　　　　　　　安全性

可操作性

辅助功能性

耐久性　　　　　　　　美观性

价格　　　　　　　　　　空间占用性

舒适性　　　　　　　　安全性

可操作性

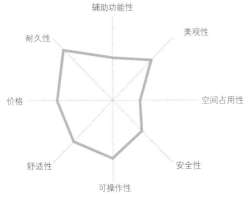

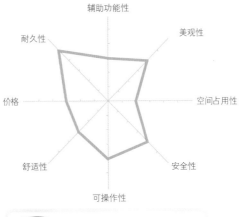

辅助功能性

耐久性　　　　　　　　美观性

价格　　　　　　　　　　空间占用性

舒适性　　　　　　　　安全性

可操作性

辅助功能性

耐久性　　　　　　　　美观性

价格　　　　　　　　　　空间占用性

舒适性　　　　　　　　安全性

可操作性

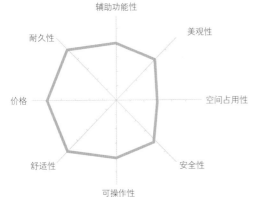

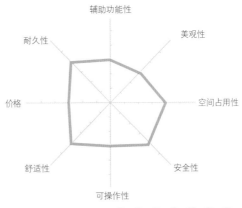

关注程度

局部分析

之

链条盖

全
裸式
链条盖

全裸露式链条盖一般使用在运动感较强的自行车上，较为轻便简单，但会给人一种相对危险的感觉，且链条裸露影响美观。

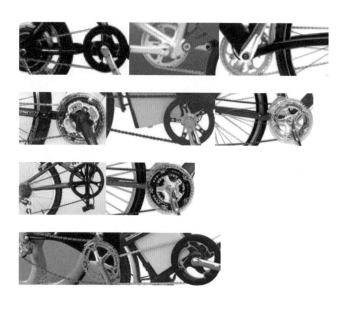

R3 设计调研的深度决定了设计定位的高度。**R6** 了解竞争对手与同行产品才能达到知己知彼，设计创新。
R8 行业品牌区间的分析，帮助设计师理解产品行业属性。**R16** 产品局部分析越到位，设计创新越精确。

半
裸式
链条盖

封
闭式
链条盖

半裸式链条盖相比全裸来说，安全性和美观性要强。普通自行车较多使用类造型设计。

目前市场上的健身器材使用全封闭式链条盖的较多，它的特点是安全美观、可变造型多等。儿童脚踏车等安全系数要求较高的产品上通常也采用此类设计，封闭式链条盖是双联动康复车较为理想的设计选择。

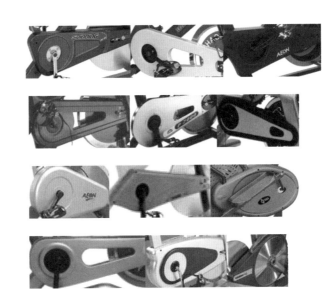

局部分析 之 链条盖

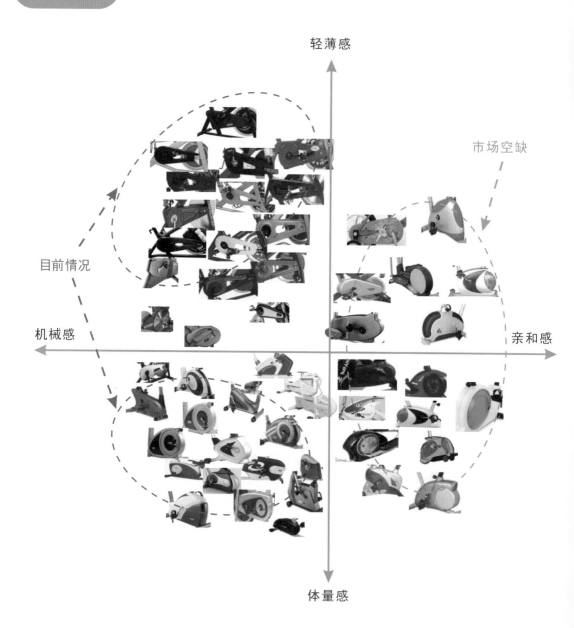

轻薄感

市场空缺

目前情况

机械感

亲和感

体量感

① ② ③ ④ ⑤ ⑥ ⑦

R3 设计调研的深度决定了设计定位的高度。**R6** 了解竞争对手与同行产品才能达到知己知彼，设计创新。
R8 行业品牌区间的分析，帮助设计师理解产品行业属性。

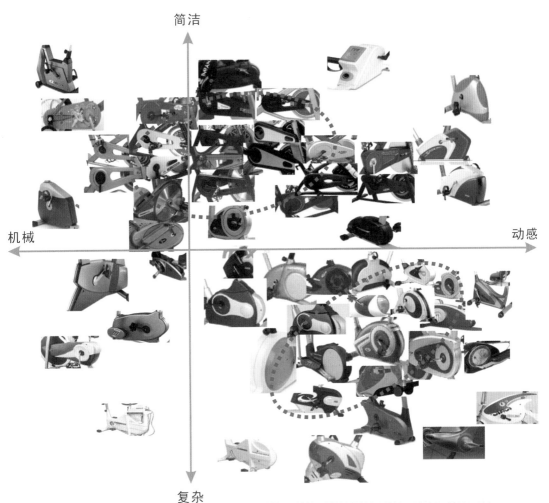

① 目前市场上多以机械感较强的、比较轻
薄的造型为主，同时体量感较强的造型
也占据了相当大的市场。

② 具有亲和感的造型目前较为缺乏，可以
作为一个发展方向，但成本预计较高。

③ 作为医疗保健器械，建议双联动康复车采
用体量感较强的略具亲和力的造型风格。

④ 同时可考虑通过材质色彩的运用增加产
品的亲和力。

局部分析 之 链条盖

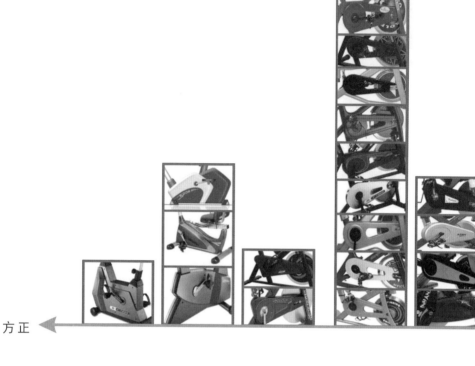

方正 ←

链条盖主要以圆润状态呈现，圆润以两种形式为主，第一种由其链盘的形状决定；第二种则在链盘基础上使整体更加圆润。由于生产成本及适用人群的特殊性，应选择美观而又节约成本的造型。

R3 设计调研的深度决定了设计定位的高度。**R6** 了解竞争对手与同行产品才能达到知己知彼，设计创新。
R8 行业品牌区间的分析，帮助设计师理解产品行业属性。**R16** 产品局部分析越到位，设计创新越精确。

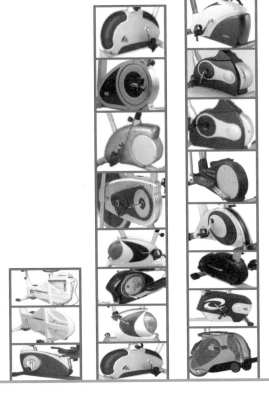

圆润

- 链条盖由于本身是个运动装置，整体上趋向于略带有动感。
- 有相当一部分整体造型丰富而略显复杂。
- 有部分链条盖只是简单将链条隐藏，再加上些细节处理，故而整体造型较简洁。
- 鉴于此设计产品为医疗康复车，适用人群为脑血栓患者，故而造型上应舍去过于动感的成分。
- 链条盖总体的风格应简洁而不呆板。

局部分析
之 箱
体
盖

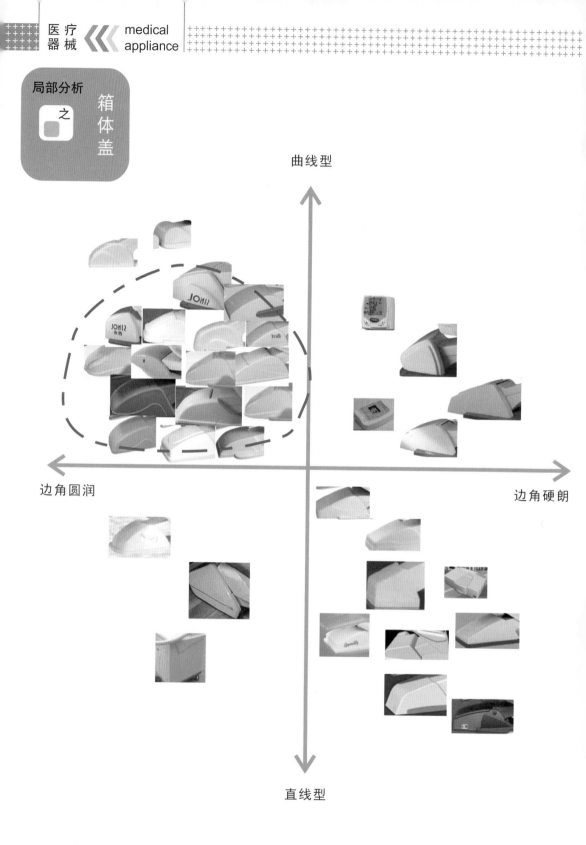

曲线型

边角圆润

边角硬朗

直线型

①②③④⑤⑥⑦

R3 设计调研的深度决定了设计定位的高度。**R5** 选择一项合理的分析工具，能使设计分析事半功倍。**R6** 了解竞争对手与同行产品才能达到知己知彼，设计创新。**R8** 行业品牌区间的分析，帮助设计师理解产品行业属性。**R16** 产品局部分析越到位，设计创新越精确。

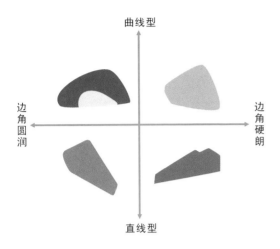

曲线型

边角圆润   边角硬朗

直线型

通过对部分医疗器械底盖箱体的造型分析，我们可以看出医疗器械的造型风格相对规整，但也追求局部的创新处理，其主要呈现的特点是：

1. 箱体造型多数相对规整，理性，追求力量感，其轮廓线多为特定的几何曲线或大的弧度。

2. 市场上多数产品在追求理性造型的同时也提高产品的亲和性，其产品边角较为圆润，进行了倒角、倒圆角处理，圆角一般不会太大，应选择适当半径的圆角以体现产品的力度感和亲和力。

3. 很多产品表面出现了几何力度的造型线以进行装饰。

局部分析
之　底
座

双联动康复车是服务于脑血栓病人的产品，其整体造型应圆润而不能出现太多直线条，底部的连接杆件应采用圆形或曲线条形，在考虑成本和加工工艺的基础上最好采用圆柱管或椭圆管。

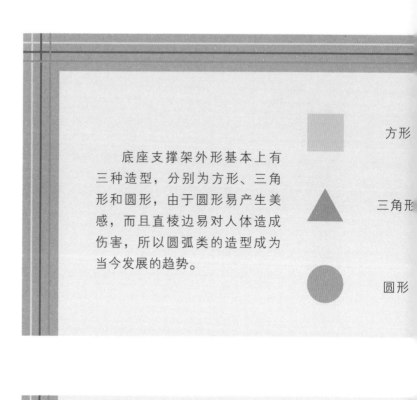

底座支撑架外形基本上有三种造型，分别为方形、三角形和圆形，由于圆形易产生美感，而且直棱边易对人体造成伤害，所以圆弧类的造型成为当今发展的趋势。

方形

三角形

圆形

底座中与地接触部分的形式可分为点接触，线接触，面接触，三种接触方式具体运用要根据产品的整体外观而言，就此康复机构而言，由于整体下部机构是条状，所以采用线接触比较合适。

点

线

面

R3 设计调研的深度决定了设计定位的高度。**R6** 了解竞争对手与同行产品才能达到知己知彼，设计创新。
R8 行业品牌区间的分析，帮助设计师理解产品行业属性。**R16** 产品局部分析越到位，设计创新越精确。

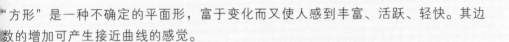

"方形"是一种不确定的平面形，富于变化而又使人感到丰富、活跃、轻快。其边数的增加可产生接近曲线的感觉。

"三角形"的斜线丰富了角与形的变化，显得比较活泼。正立的三角形能唤起人们对山丘、金字塔的联想，三角形是锐利、坚稳和永恒的象征。

"圆形"由一条连贯的环形线所构成，具有永恒的运动感，象征着完美与简洁，同时有温暖、柔和、愉快的感觉。

点"是形态构成中最基本的构成单位。在几何学里，点是无大小、无方向、静态的，只有位置。对于整体或背景而言，面积或体积较小的形状均可称为点。

在几何学的定义里，"线"是点移动的轨迹。在造型设计上各类物体所包括的面及立体，都可用线表现出来，线条的运用在造型设计中处于主导地位，线条是造型艺术设计的灵魂。

"面"是从点的扩大、点的密集、线的移动、线的加宽、线的交叉、线的包围等而形成的，具有二维空间（长度和宽度）的特点。

局部分析
之

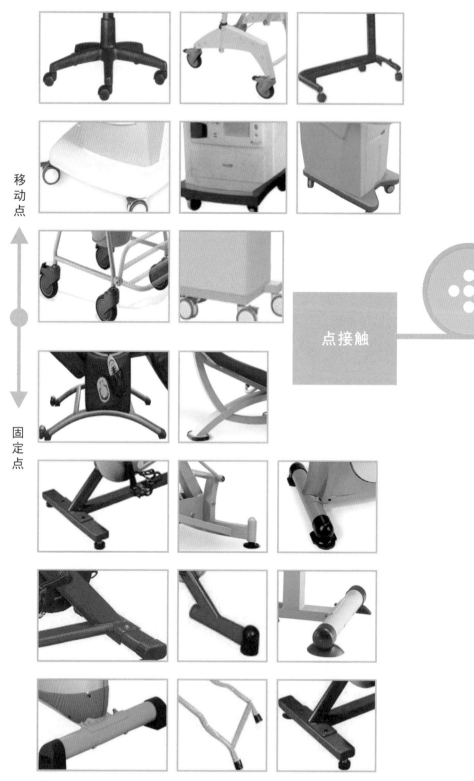

移
动
点

固
定
点

点接触

①②③④⑤⑥⑦

R3 设计调研的深度决定了设计定位的高度。**R6** 了解竞争对手与同行产品才能达到知己知彼，设计创新。
R8 行业品牌区间的分析，帮助设计师理解产品行业属性。**R16** 产品局部分析越到位，设计创新越精确。

底座

支架与滑轮结合

局部分析
之

圆形

线接触

方形

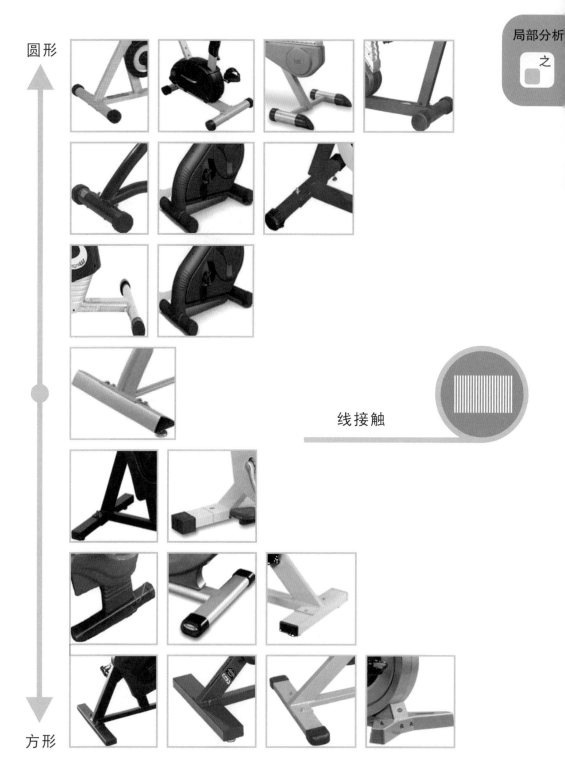

R3 设计调研的深度决定了设计定位的高度。**R6** 了解竞争对手与同行产品才能达到知己知彼，设计创新。
R8 行业品牌区间的分析，帮助设计师理解产品行业属性。**R16** 产品局部分析越到位，设计创新越精确。

圆面

面接触

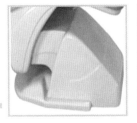 

方面

①②③④⑤⑥⑦

局部分析
之 扶手

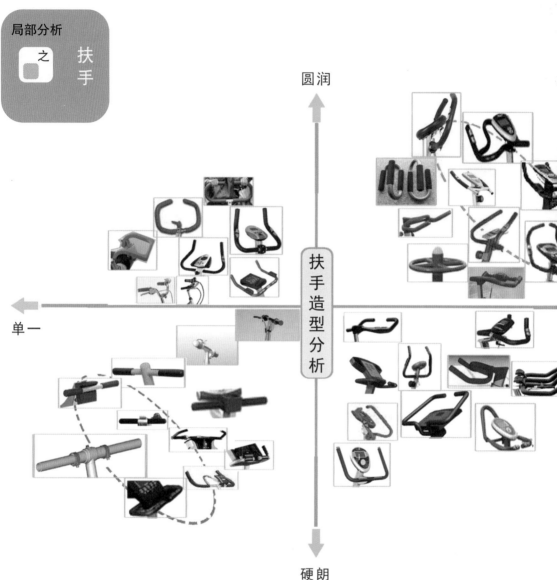

圆润

扶手造型分析

单一

硬朗

①②③④⑤⑥⑦ **R3** 设计调研的深度决定了设计定位的高度。**R5** 选择一项合理的分析工具，能使设计分析事半功倍。**R6** 了解竞争对手与同行产品才能达到知己知彼，设计创新。**R8** 行业品牌区间的分析，帮助设计师理解产品行业属性。**R16** 产品局部分析越到位，设计创新越精确。

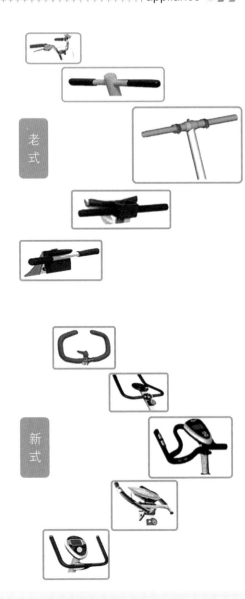

扶手是人运动时手的支撑点，因而必须以较好的舒适度、合理的人机关系为设计出发点，其次再从形状上进行设计改良。

传统的扶手造型单一，讲究功能，无太丰富的变化，给人较为生硬与冷漠的感觉。

现代的扶手在注重功能的同时，更加追求外观的形式新颖与人机的合理性；在造型上对圆弧柱体进行弯曲倒角，使其变化更加生动而富有动感，同时也使得仪器去掉了机械感而具有亲切和更加人性化的特点。

所以对扶手的设计应从仪器的功能出发，在讲求现代感的同时也要具有活泼的动态感。

局部分析

之 椅子

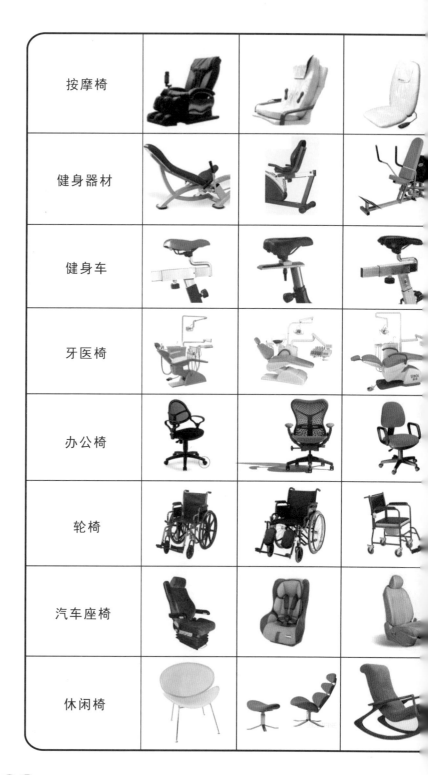

按摩椅			
健身器材			
健身车			
牙医椅			
办公椅			
轮椅			
汽车座椅			
休闲椅			

R10 与客户确定设计要点，可使宏观设计概念微观化。**R16** 产品局部分析越到位，设计创新越精确。

设计定位之被动运动者座椅

可借鉴按摩椅的座椅材料设计，舒适，柔软，材料拉力强度大，耐磨性好。此外，可应用按摩椅的气囊及振动电机，对病人的背部、腿部与脚部进行挤压按摩和振动按摩。

可参照牙医椅，设计可转动结构，改变椅背的角度。

色彩设计符合医疗器械的色彩要求，致力于缓解疲劳，抑制烦躁，调节情绪，改善机体功能。

脚踏设计参照轮椅相应部位的设计，保证被动运动者的脚部不会从脚踏上滑落。

扶手设计借鉴汽车座椅的扶手设计，能灵活旋转。扶手在放平时，为被动运动者提供保护；竖直时，便于被动运动者从侧面进出座椅。借鉴汽车座椅的造型，为被动运动者的头部、背部等部位提供足够的支撑和保护。

设计定位之主动运动者座椅

应用健身器材座椅的工作原理，鞍座高度、前后可调节，便于将鞍座调整到不同的位置和角度，适合不同身材的主动运动者使用，使主动运动者以最舒适的姿态活动。

外观借鉴健身车或办公椅的设计风格，体现动感或追求亲和、舒适感。

局部分析 之 支撑架

1. 目前市场上的载物台支撑架品类较多，主要有单杆支撑架、双杆支撑架、四杆支撑架、双板面支撑架以及下面是轮子的支撑架。由于要求稳定以及节省材料，所以双杆支撑架与四杆支撑架被人们广泛使用。对于此双联动康复车，单杆与双杆支撑架则比较容易满足产品的整体造型，也比较节省材料。

2. 载物台的表面有单层与多层之分，单层载物台相比之下比较简洁，但由于人们对存储空间的需求，双层面载物台则更适合于此产品。载物面又可以分为固定式与抽拉移动式，对于患有脑血管病的老年人来说，抽拉式载物面更方便、实用。

总 结

由于直线型造型会给人一种锋利的感觉，所以不管是支撑架还是载物面的造型，曲线造型会更适合于老年人。

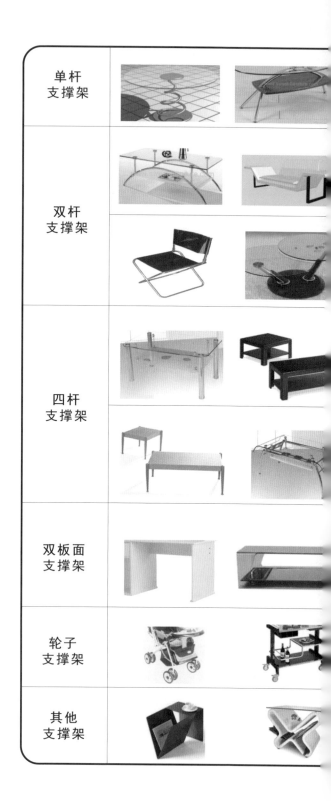

单杆支撑架	
双杆支撑架	
四杆支撑架	
双板面支撑架	
轮子支撑架	
其他支撑架	

R10 与客户确定设计要点，可使宏观设计概念微观化。R16 产品局部分析越到位，设计创新越精确。

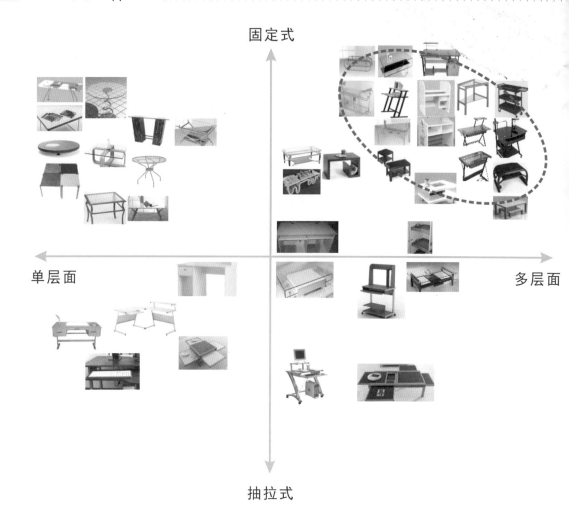

①②❸④⑤⑥⑦

R3 设计调研的深度决定了设计定位的高度。**R5** 选择一项合理的分析工具，能使设计分析事半功倍。**R16** 产品局部分析越到位，设计创新越精

局部分析
之

载
物
台

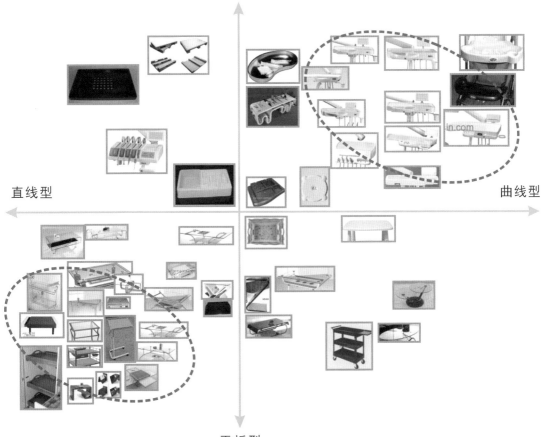

分割型

直线型

曲线型

平板型

色彩展示——医疗设备获美国工业设计师协会IDEA工业设计优秀大奖

①②③④⑤⑥⑦

R3 设计调研的深度决定了设计定位的高度。**R11** 产品的属性决定了产品的色彩，色彩是产品与用户之间的心灵沟通。

局部分析 之 载物台

康复车的色彩分析

1. 色彩的心理效应

色彩的心理效应是通过生理效应产生的，也就是通过眼睛感知，再由大脑得到。人受到色彩的刺激以后，产生对色彩的反应，对人的身心产生极大的影响，能左右人们的情绪和行为。例如在红色的环境中，由于红色的刺激，能使人的心跳、脉搏加快，从而产生热感。相反，在蓝色环境中，会给人以安静、寂寞感，使人的心脏跳动减弱，脉搏减缓。

2. 色彩的生理效应

色彩更为直接的是引起人和动植物生理上的反应。如赭石可以使血压升高，黄色则相反，可以使血压降低。浅蓝色有利于高烧病人的体温下降，粉红色有补血、养心宁神的作用，淡紫和淡绿都有镇静、安定作用，能治疗神经衰弱。研究表明，人类的大脑和眼睛需要中间的灰色，如果缺乏这种灰色就会变得不稳定，无法获得平衡和休息。

3. 应用

正确地运用色彩的功能特性，有助于缓解疲劳，抑制烦躁，调节情绪，改善机体功能。温和欢愉的黄色能适度刺激神经系统，改善大脑功能，对肌肉、皮肤和太阳神经系统疾患有疗效。因此，浅色调的米黄、乳黄是现代许多医疗器械色彩的基调，而不是以前人们通常认为的白色。

局部分析 之 支撑架

陪护人员座椅尺寸参考

靠背高度：400mm

座椅宽度：370mm

座椅深度：400mm

坐垫到脚踏的垂直距离：500mm

座椅前端到脚踏的水平距离：300mm

考虑到脑血栓病人身体特征，以及活动的不便，建议座椅尺寸加大一定比例。以利于康复者上下车，同时使得康复者舒适度提高。

座椅建议体积：

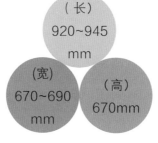

（长）920~945 mm

（宽）670~690 mm

（高）670mm

参考尺寸：

1. 坐垫到扶手：240~250mm

2. 坐垫到头顶：885~1000mm

3. 平躺时头顶到脚底：1700mm

4. 平躺时脚底到地面高度：660mm

5. 两扶手之间的距离：500mm

6. 坐垫到地面的距离：500mm

7. 座深：550mm

8. 脚腿垫展示长度：338mm

9. 靠背的调整角度：115° -140°

正常人骑自行车时的尺寸分析

1. 脚踏曲柄直径D: 170～180mm

　　　　　　　　(针对行动不便者建议缩小一定尺寸);

2. 膝盖运动过程中弯曲角度: 90°～150°之间

　　　　　　　　(针对行动不便者建议加大这一角度);

3. 曲柄中心到地面距离: 建议在不影响脚踏旋转和底部部件安装的基础上尽量降低;

4. 曲柄中心到座椅前端的水平距离: 约为300mm

　　　　　　　　(针对行动不便者建议缩小一定尺寸);

5. 曲柄中心到座椅前端的垂直距离: 约为500mm

　　　　　　　　(针对行动不便者建议缩小一定尺寸)。

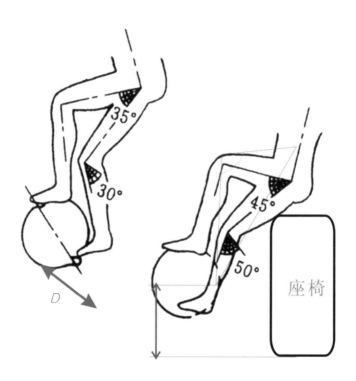

平板型

康复车
之

人
机
分
析

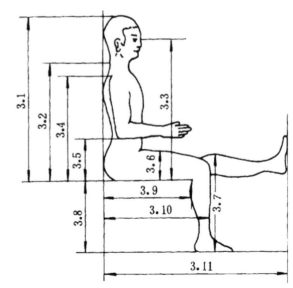

（a）坐姿人体尺寸

坐姿人体尺寸

（单位：mm）

测量项目 年龄分组 百分位数	男（18～60岁）							女（18～55岁）						
	1	5	10	50	90	95	99	1	5	10	50	90	95	99
3.1 坐高	836	858	870	908	947	958	979	789	809	819	855	891	901	920
3.2 坐姿颈椎点高	599	615	624	657	691	701	719	563	579	587	617	648	657	675
3.3 坐姿眼高	729	749	761	798	836	847	868	678	695	704	739	773	783	803
3.4 坐姿肩高	539	557	566	598	631	641	659	504	518	526	556	585	594	609
3.5 坐姿肘高	214	228	235	263	291	298	312	201	215	223	251	277	284	299
3.6 坐姿大腿厚	103	112	116	130	146	151	160	107	113	117	130	146	151	160
3.7 坐姿膝高	441	456	461	493	523	532	549	410	424	431	458	485	493	507
3.8 小腿加足高	372	383	389	413	439	448	463	331	342	350	382	399	405	417
3.9 坐高	407	421	429	457	486	494	510	388	401	408	433	461	469	485
3.10 臀膝距	499	515	524	554	585	595	613	481	495	502	529	561	570	587
3.11 坐姿下肢长	892	921	937	992	1046	1063	1096	826	851	865	912	960	975	1005

1 2 **3** 4 5 6 7

R12 人机工程是设计成功走向市场的钥匙。

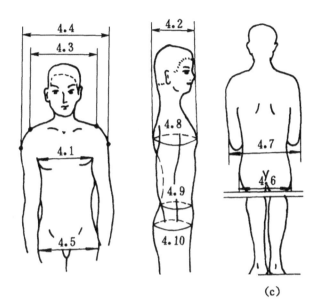

(c)

(b)人体水平尺寸

人体水平尺寸

（单位：mm）

测量项目 年龄分组 百分位数	男（18~60岁）							女（18~55岁）						
	1	5	10	50	90	95	99	1	5	10	50	90	95	99
4.1 胸宽	242	253	259	280	307	315	331	219	233	239	260	289	299	319
4.2 胸厚	176	186	191	212	237	245	261	159	170	176	199	230	239	260
4.3 肩宽	330	344	351	375	397	403	415	304	320	328	351	371	377	387
4.4 最大肩宽	383	398	405	431	460	469	486	347	363	371	397	428	438	458
4.5 臀宽	273	282	288	306	327	334	346	275	290	296	317	340	346	360
4.6 坐姿臀宽	284	295	300	321	347	355	369	295	310	318	344	374	382	400
4.7 坐姿两肘间宽	353	371	381	422	473	489	518	326	348	360	404	460	378	509
4.8 胸围	762	791	806	867	944	970	1018	717	745	760	825	919	949	1005
4.9 腰围	620	650	665	735	859	895	960	622	659	682	772	904	950	1025
4.10 臀围	780	805	820	875	948	970	1009	795	824	840	900	975	1000	1044

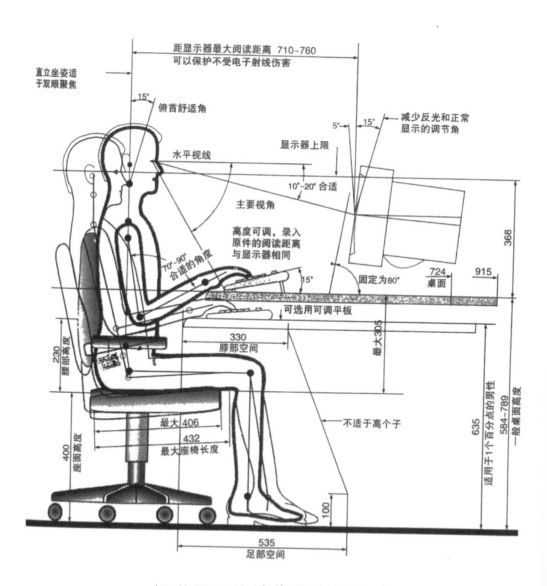

康复车
之

人机分析

载物台尺寸参考

载物台高度: 820mm

托盘长度: 500~620mm

托盘宽度: 475~500mm

距显示器最大阅读距离 710~760
可以保护不受电子射线伤害

直立坐姿适
于双眼聚焦

15°
俯首舒适角

5° 15°
减少反光和正常
显示的调节角

水平视线

显示器上限

10~20° 合适

主要视角

高度可调, 录入
原件的阅读距离
与显示器相同

70°~90°
合适的角度

15°

固定为80°

724
桌面

915

368

可选用可调平板

330
膝部空间

最大305

230
腰部高度

400
座面高度

最大 406

432
最大座椅长度

不适于高个子

635

适用于1个百分点的男性

一般桌面高度
584~789

100

535
足部空间

视觉显示终端作业岗位尺寸

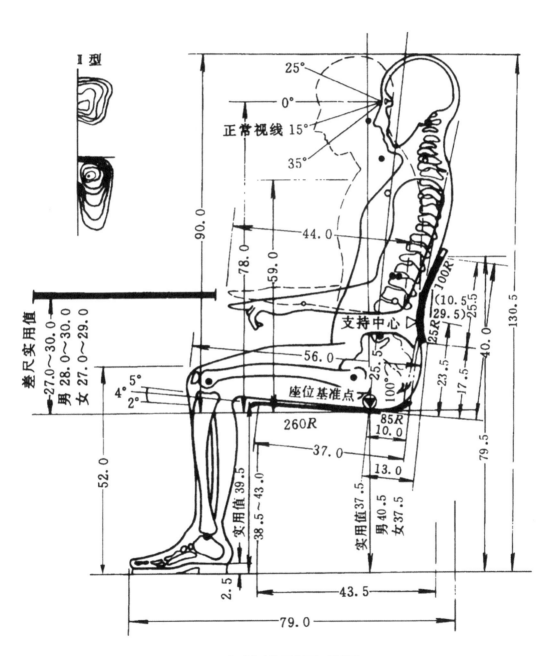

桌椅模型原理图

康复车

之 草
图

R17 设计展示是设计师与客户之间沟通的桥梁。

康复车
之
草
图

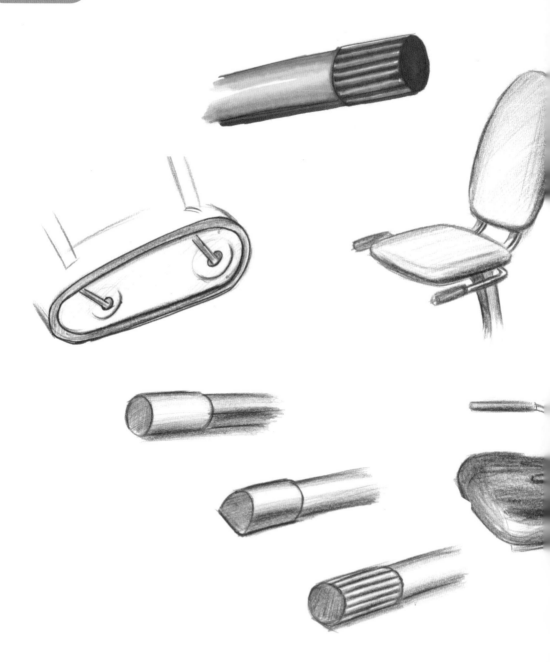

R17 设计展示是设计师与客户之间沟通的桥梁。

康复车
之　效
果
图

1

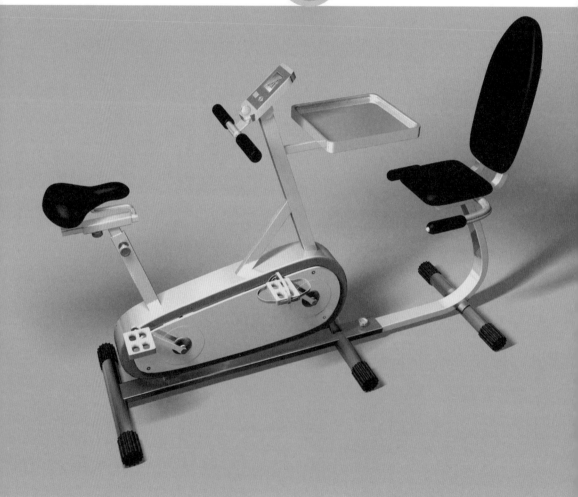

R17 设计展示是设计师与客户之间沟通的桥梁。

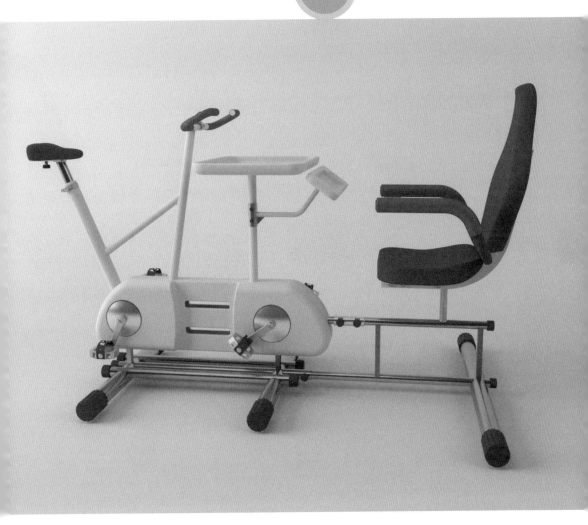

康复车之效果图

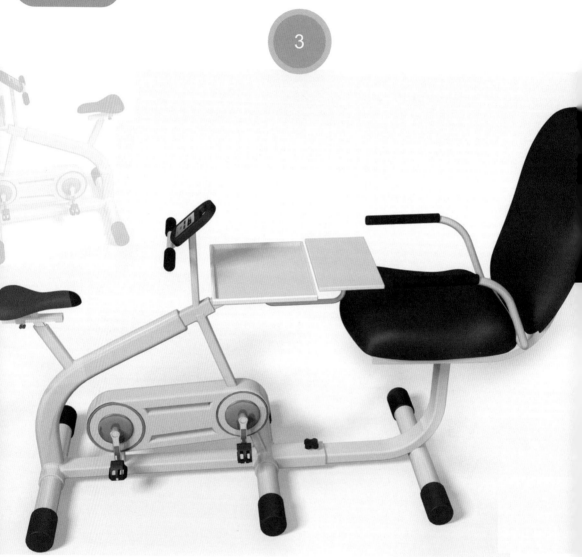

3

① ② ③ ④ ⑤ ⑥ ⑦
R17 设计展示是设计师与客户之间沟通的桥梁。

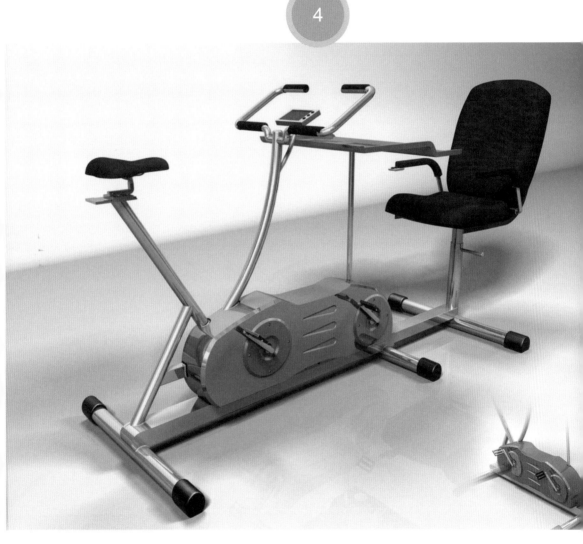